新农村建筑外墙装饰

牛建农　虞晓丽　著

中国建筑工业出版社

图书在版编目（CIP）数据

新农村建筑外墙装饰/牛建农，虞晓丽著. —北京：中国建筑工业出版社，2009
ISBN 978-7-112-11376-7

Ⅰ.新… Ⅱ.①牛…②虞… Ⅲ.农村住宅-外墙-建筑装饰 Ⅳ.TU241.4

中国版本图书馆CIP数据核字（2009）第174351号

本书是一本关于新农村建筑外墙装饰的通俗易懂的工具书。

本书以不同部位（檐口、门窗、墙面、勒脚）外墙装饰的丰富案例、参考图案和多种设计方案，介绍了外墙装饰的相关知识、理论、技术和方法，介绍了外墙装饰图案绘制模板的制作与使用方法，提供了外墙装饰的设计方案和所需要使用的图案及相关手段，从而使外墙装饰成为一件人人可为的乐事，对于农村基层干部和广大农民提高外墙装饰的文化与艺术水平，具有很好的参考借鉴价值。

* * *

责任编辑：董苏华
责任设计：郑秋菊
责任校对：赵 颖 关 健

新农村建筑外墙装饰
牛建农 虞晓丽 著
*
中国建筑工业出版社出版、发行（北京西郊百万庄）
各地新华书店、建筑书店经销
北京嘉泰利德公司制版
北京中科印刷有限公司印刷
*
开本：787×1092 毫米 1/16 印张：7½ 字数：188 千字
2010 年 1 月第一版 2010 年 5 月第二次印刷
定价：39.00元
ISBN 978-7-112-11376-7
（18624）

引言

编写这本《新农村建筑外墙装饰》，是想为广大农民和农村基层干部提供一本这方面的工具书。

社会主义新农村建设，正在进入一个全新的发展阶段。在科学发展观的指导下，政府财政支持的力度持续加强，政府对村庄建设的指导与推动也在不断加强。过去，农村是一家一户各自建房，现在，由政府指导推动的、以村为基本单位的建新村或村庄整治，甚至若干个村连片建设，逐步成为主导的形式。与此同步，村庄建筑外墙装饰，也在发生类似的转变。

由政府引导推动的、大规模进行的村庄建筑外墙装饰，首先遇到的第一个问题，恐怕就是村庄应该打扮成什么样？为什么应该是这样而不是那样？

接下来，就是那个最实际的问题：怎样做，才能实现我们预期的目标或理想？

我们在这本书里，对这些问题，尽可能简单明了地作了解答。我们提出：在大规模开展村庄建筑外墙装饰的时候，应该先作规划，村庄的建筑外墙装饰要有重点，色彩要淡雅和谐等等。农民和农村基层干部，是村庄建筑外墙装饰的创作主体和欣赏主体，为了让他们不费多大力气就能看得懂，拿起这本书来就能用，我们尽可能地多举例子，多用图片说话。书中提供了一些外墙装饰的参考图案，这是可以拿起来就用的；另外，还介绍了组合图案的简单方法和模板的制作与使用方法。即使是一个对村庄建筑外墙装饰缺乏了解的人，如果能从头到尾读一读这本书，心里大概也就多少有些底了。

当然，我们还是希望能有更多的人，认真地读一读这本书的概论。在概论里，我们从和谐的角度出发，对中国传统村庄建筑外墙装饰文化，作了初步的分析与总结，力求找出一些带有规律性的东西来，比如，江南村庄的“粉墙黛瓦”为什么好看？中国人为什么特别喜欢？那“好看”是怎么做到的等等。

中国传统村庄建筑外墙装饰文化，学问很深，它最突出的特点，是用生动形象的图画，表达出老百姓共同的、以和谐为核心的理想、愿望与追求，中华民族传统的价值观、价值取向，在其中得到了朴素、生动的体现。因此，中国传统村庄建筑外墙装饰，就具有了潜移默化的教化功能，就成为一种大众性的文化艺术。这是中国传统村庄建筑外墙装饰的独特之处，也是它突出的优势。我们应该努力传承与弘扬这个优势，同时要大胆创新，塑造具有时代特点的、特色鲜明的村庄形象。

日子富裕起来了，生活稳定了，文化建设的高潮也就不期而至了。大规模开展的村庄建筑外墙装饰，实际上就是我们建设社会主义和谐文化整体工作的一部分。认识到这一点，我们就能够将它与一般性的技术工作区别开来，就不会把它仅仅看做是一项普通的建设工程。文化建设，是百年大计，不管我们是否意识到了，我们都是在书写中国村庄建筑外墙装饰历史的新篇章，我们都是在创造和积累中华民族的新文化。我们必须认真。

目 录

概论

村庄建筑外墙装饰的和谐之道

村庄建筑外墙装饰，是社会主义新农村建设工作的一项重要内容，是改善农村居住环境、塑造村庄良好形象必不可少的工作。它与农民的生活和农村经济社会的发展密切相关，因此，越来越受到各方的关注与重视，村庄建筑外墙装饰的热潮，正在全国各地持续升温（图1、图2）。

◀图1 2009年夏季完成村庄建筑外墙装饰后的浙江省义乌市马踏石村

▲图2　云南省楚雄某村建筑外墙装饰掠影

自改革开放以来，我国农村掀起了一浪高于一浪的建房热潮，随着农村经济的发展和农民收入的不断增加，广大农村居民从最初对于增加住房建筑面积的片面追求，逐渐转向既注重建筑面积的增加，又关注建筑形式与建筑外部装饰的“洋气”与“新潮”的复合型追求。这个转折，与我国城市里大刮“欧陆风”在时间上几乎是同步的。因此，城里的“欧陆风”就刮到了农村，于是，在20世纪90年代末和21世纪之初的几年里，我国农村的新房便从简单的“火柴盒”式的平顶红砖房迅速地向小洋楼转变。许多富裕的村庄或“示范村”在政府的支持下，干脆就以全拆全建的方式，将原有村庄建筑全部拆平，将村庄建成了“欧陆风”式的别墅群。与此相应和，越来越多的农村住房争先恐后地在外墙上贴上了瓷砖、马赛克，以为这是最时尚的外墙装饰。

让人始料不及的是，那些贴上了瓷砖、马赛克的房屋，并没能如人们所希望的那样使村庄漂亮起来。相反，它们毫无秩序地混杂在村庄原有的建筑当中，搅乱了村庄的空间格局，它们鲜艳的色彩与村庄原有的色调无法相融，村庄原有的统一风格因此被打破，村庄的形象变得支离破碎。

那些别墅群式的、据说是欧式风格的新村，曾经使人们大为兴奋，人们为中国农民住上了洋楼、过上了城里人的生活而喝彩。然而，仅仅在数年之后，最初的兴奋便迅速降温，曾经风光无限的别墅群式新村，也再不能引来艳羡的目光。人们很快就认识到，别墅群式新村与我们的文化传统缺乏必要的联系，而建设这种新村所造成的土地的严重浪费，是我国的资源条件所不能承受的。城市里对于“欧陆风”的质疑，对于大刮“欧陆风”所导致的我国城市的“千城一面”现象的批评，也促使人们开始认真思考农村“欧陆风”所引发的“千村一面”的问题。这个时候，回头再看徽派村落的粉墙黛瓦、江南村庄的小桥流水、北方村庄的青砖大院、西南少数民族地区的干阑村寨，竟是那么优美、那么迷人。而依托着这样的资源，那里的农村把旅游业做得热火朝天，并以此引领时尚，因而收入大增。相比之下，便引出了一个问题：新时代中国的村庄，应该建成什么样？应该装饰成什么样？

近几年，伴随着“三农”政策的深入贯彻、构建社会主义和谐社会的思想深入人心和农民生活的进一步改善，在我国东部、西部、中部等广大农村地区，对于村庄建筑外墙作勾线装饰、绘制图案装饰和在建筑外墙上绘制壁画渐成风气。这反映出广大农村居民、农村基层干部对于精神文化生活的需求在迅速升级。许多地方的政府，在推进新农村建设工作的时候，因势利导，将村庄外墙装饰列为重要项目，并大力引导、扶持。政府的补贴、资助和农民的投入加在一起，形成了巨大的投资规模。这样的用于村庄建筑外墙装饰的投资规模，在中国历史上是空前的；在世界范围内，大概也是绝无仅有的。村庄建筑外墙装饰的不断升温，不但有力地改变着我们村庄的容貌，或许也在预示着我国农村群众性的文化建设的高潮即将到来。

正在蓬勃开展的我国村庄建筑外墙装饰活动，呈现出一个显著特点，即它不再盲目地模仿城市里的做法，而是根据自己的情况，走自己的路。它更多地是从我国传统的村庄外墙装饰文化中吸取营养，同时也在大胆地进行创新，这是十分可喜的（图 3）。然而，当下火热的、大规模的外墙装饰，会不会又像“欧陆风”、“瓷砖热”那样，造成让人始料不及的后果呢？

在回答这个问题之前，我们需要对各地的村庄建筑外墙装饰工作中已经暴露出来的问题作认真的梳理和分析。

▼图 3 江西省婺源江湾村商业街

一、当前我国农村建筑外墙装饰存在的问题

1. 规划设计缺位

当前的村庄建筑外墙装饰，常常是作为村庄整治建设工作的一部分新增或附加的内容，与村庄建筑、公共设施、水环境、绿化等方面的整治一起进行的。用一种形象的说法就是：村庄建筑外墙装饰在搭村庄整治建设工作的"便车"。

村庄的整治建设，一般都有统一规划加以指导与规范。然而，在我国现行的城乡规划体系中，却既没有村庄外墙装饰规划这样的一个规划类型，也没有村庄外墙装饰规划的地位。这就意味着，外墙装饰规划的权威性是没有法律依据的，那么，它的实施必然会因而受到很大的影响。

更进一步说，当村庄建筑外墙装饰已经在我国农村大规模地开展起来的时候，无论是村庄建筑外墙装饰的理论、方法，还是其规划的编制方法，我们都找不到现成的教材或依据。中国传统的村庄建筑外墙装饰，内涵丰富、形式多样，达到了极高的艺术水平，积累了丰富的经验，然而，却没有形成完整的理论；国外的城市色彩规划理论，虽然在某些方面可资借鉴，但由于其只涉及城市建筑、道路等方面的色彩问题，而我国村庄的建筑外墙装饰内涵之丰富，远远不是"色彩"二字所能概括得了的，因此，其适用性非常有限。

在上述情况下，村庄建筑外墙装饰规划的缺位，便成为十分普遍的现象。

或问：我国的传统村落，从来没有人去编制外墙装饰规划，而村庄的形象不是很优美，风格不是很统一吗？那么，我们能否在规划缺位的情况下，进行大规模的村庄建筑外墙装饰并取得良好的成效呢？

回答是否定的。

我国传统村落的形象优美、风格统一，是在经济社会发展速度十分缓慢、思想文化和价值观具有很高同一性的历史条件下，在封闭的环境中经历了漫长的岁月才积累起来的。这种积累的主要形式，是一家一户的外墙装饰各自分散进行，而彼此之间又相隔一定的时间。作为村庄建筑外墙装饰主体的农民，绝大多数没有文化或文化水平很低。后来者虽然力求有所创新，但向前人学习则始终是基调和主流。虽然也许并没有全村统一的建筑外墙装饰规划，但在强大的文化传统和从众心理的规范之下，我国传统村落的建筑外墙装饰，始终走着一条以传承传统为特点的平稳发展之路。

今天我国新农村建设中的村庄建筑外墙装饰，却是在完全不同的历史条件和环境中开展着的。经过三十年的改革开放，中国农村经济社会获得了快速的发展，市场经济在农村中迅速发育，农村的开放程度日益提高，许多村庄在全球经济格局中相当活跃。在开放的环境中，村庄建筑外墙装饰受到多元文化的

影响。作为外墙装饰主体的农民，初中、高中毕业者大有人在，他们受教育的程度和获取外部信息的条件、能力，已远非旧式农民可比。试想一下，在这样的历史条件、这样的环境中，这样的行为主体，在大规模、集中开展的村庄建筑外墙装饰工作中，各自按照自己的想法与爱好行动起来，村庄还有可能形成统一风格的形象吗？

三十年来，许多地方，在统一规划缺位的情况下，农民各家各户自建新房，结果造成村庄中建筑混乱、色彩混乱、空间格局混乱，已经给我们留下了深刻的教训。

因此，加强对村庄建筑外墙装饰的相关研究、提高村庄建筑外墙装饰规划编制的水平并确认其在城乡规划体系中的地位，努力使村庄建筑外墙装饰在统一规划的规范与指导下进行，是当务之急，是提高村庄外墙装饰水平的保证。

2. 以技术思维代替艺术思维

村庄整治建设，绝大多数是技术性的工作，需要的是技术性的思维方式。而外墙装饰，却是一件文化艺术性工作，它需要的主要是艺术性的思维方式，即形象思维。由于村庄整治建设工作是以工程项目为载体，而参与决策者，大多是行政干部或专业技术工作者，在许多情况下，将外墙装饰与一般工程项目混为一谈的现象，便很难避免。人们常常按照工程项目建设的规律和方法来考虑和实施外墙装饰“工程”，却认识不到或忽视了外墙装饰的特点与特殊规律。常见的情况是：以为外墙装饰就是在墙上涂刷颜色、画画线条，一村如此，村村如此。结果，想要创造美观，却制造了丑陋；想要创新，却找不到路径；想要塑造特色，却弄成了千篇一律。

与此相关的另一个问题，是文化与艺术人才的缺乏。做村庄外墙整治规划与设计，需要对文化、艺术、民俗、民风、规划设计都有一定了解和研究的人才；进入外墙装饰的实际操作阶段（如图案设计、绘制），则需要美术人才，这两方面的人才，现在都很缺乏。在村庄整治工作中，外墙装饰规划大多是由规划师在编制整治规划时“附带”做出，实施则是交由建筑施工队“顺手”完成的。

3. 内容贫乏，手法单一

内容贫乏，手法单一，是当前村庄建筑外墙装饰中的突出问题。在粉墙上画出浓重的墨线，成为当下外墙装饰最主要的做法与手段。这样的装饰，几乎毫无文化内涵可言，当然也不可能引来欣赏的目光。内容如此贫乏的外墙装饰，除了在完工之初让人多看两眼之外，还能有其他的什么功能吗？

画在墙上的那些墨线，多以黑色油漆勾画，线条宽度常在10厘米左右甚至更粗，有一道道的横线，也有从墙的上端直达墙脚的竖线，还有又粗又黑的墙体轮廓线、门窗轮廓线。洁白的墙面被这些黑色线条切割得七零八落，“粉墙黛瓦”的诗情画意荡然无存。

由于在外墙刷白装饰中使用了白水泥并加入108胶水，现在的白色外墙不但纯白，而且反光。在这样的墙面上，用黑油漆画出的粗重的、闪闪发光的黑线条，显得格外刺眼。外墙装饰的色彩本身，已无和谐自然可言；同时，如此强烈的黑白对比，在自然界是极其罕见的，这样的外墙装饰，与自然环境不能相融，也就没有与自然的和谐可言。

4. 传承与创新尚处于自发、分散的状态

我国传统的外墙装饰文化，有很高的艺术成就，有极其丰富的的作品积累，有非常高超的手法、技艺。传承、弘扬我国传统外墙装饰文化，对于提高我们今天村庄建筑外墙装饰的水平，有着决定性的意义。

传承，需要对我国传统外墙装饰文化进行深入研究与发掘，传承、弘扬其精华，从中汲取创作的材料与灵感。在当前的村庄建筑外墙装饰中，已经开始有人在绘制一些简单的传统图案，这是很好的苗头。然而，我们还很难将其视作真正意义上的传承，因为它还处于自发的、分散的状态，在很大程度上，还只是简单照抄。

创新，也同样处于自发、分散的状态。

一些地方，在村庄建筑外墙上画了很多色彩浓艳的壁画，以为这是创新。其实，这是一种误解。

外墙装饰与壁画，有着重大的区别。

最根本的区别在于：与同是以建筑墙体为载体的壁画不同，外墙装饰更强调其装饰性与装饰作用，它的主体是外墙，它的作用是通过美化墙体来美化建筑，美化环境，它与墙体是一种主从关系；壁画则主要以绘画作品的形式出现，它的尺寸一般都相当大，往往占据大面积的墙面并处于显眼的位置，它努力突出自己，追求其自身主题或情感的充分表达，强调其自身的艺术性和表现力，讲求作品的原创性和惟一性。也就是说，壁画是以自己为主体的，它强调自己的独立性，虽然以墙体为其载体，但它并不以装饰墙体为目的，与墙体也并不存在主从关系。

在外墙装饰中，有时也会出现山水画、花鸟画、人物画甚至故事场景的画面，但这些作品均具有明显的装饰性特征，如：它们一般尺寸不大，并且只出现在外墙的边角部位，如檐口、门窗旁边的墙面等处。同时，它们也不强调原创性和惟一性，相反，复制或“克隆”现有作品，在外墙装饰中，是很正常的事。

壁画虽然有时也出现在建筑外墙上，但它更多地是以建筑的内墙为载体。而外墙装饰，顾名思义，它只是出现在建筑外墙上。

中国江南的村庄，以“粉墙黛瓦”为特征，北方的村庄，则以灰色为主色调。整体上，色彩都很淡雅。传统村庄外墙装饰所用的色彩，均以蓝灰色或苍灰色为主，很少使用其他颜色，这样做，保证了外墙装饰与村庄整体色彩的和谐。壁画所使用的色彩非常多样，而且经常使用浓重的色彩，加之其尺寸又大，画在传统风格建筑的墙面上，与建筑整体的色彩很难协调，常常会“喧宾夺主”。因此，如果是以装饰外墙为目的，将壁画引入，就需要特别谨慎，要注意控制壁画的色彩、尺寸、使用的墙面位置和总体数量。

如果在尺寸和总体数量上控制不好，村庄外墙被壁画画成了“大花脸”，村庄整体形象的优美和风格的统一，也就无从谈起了。

上述问题，反映出当前的村庄建筑外墙装饰存在着很大的盲目性与任意性，人们对于村庄建筑外墙装饰及其规律，缺乏应有的了解与认识。

▲图 4　十二生肖中的鼠

▲图 5　石刻的羊图案

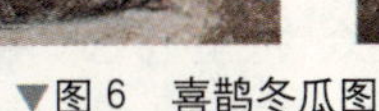

▼图 6　喜鹊冬瓜图

二、中国传统村庄建筑外墙装饰的和谐之道

中国传统村庄的建筑外墙装饰，首先是一种文化，一种诗情画意的文化，一种内涵丰富，深深植根于中华传统文化并成为中华传统文化宝库中一颗耀眼明珠的文化。

中国传统村庄建筑外墙装饰是一种艺术，作为艺术形式，它与其所要表达的思想感情、理想追求达到了高度的统一；作为艺术，它集多种艺术表现形式、表现手法于一身，它是抒情诗、是水墨画，在思想感情的推动下运行，它确实没有那么多量与度的分析，但它却自有其严谨的规则。

中华传统文化是以“天人合一”理念为核心的“和”文化，它讲求人与自然的和谐、人与人的和谐和人自身的和谐。作为中华传统文化的一部分，村庄外墙装饰同样是以“和谐”为自己的灵魂，无论是内涵、题材、色彩、构图、表现手法，还是所使用的材料，莫不贯穿着和谐的精神、和谐的原则。

1. 传统村庄建筑外墙装饰文化内涵中的和谐

深深地植根于中华传统文化之中，紧紧地联系着民俗民风和广大农民群众的生产生活，使传统民居外墙装饰能够长盛不衰，深受人民喜爱。

天人合一的理念，融儒、释、道文化于一体的中华传统文化，是我国传统村庄外墙装饰最基本的文化内涵。

村庄中建筑外墙的装饰，它的欣赏者，主要是本村的居民；它的创作者，主要也是农民。农民家的房子，是自己建起来的，自家房子的外墙装饰，顺理成章地，也往往是自己来做。一些专业的、半专业的外墙装饰工匠，也都是农民，他们即使常年在外做工，但也并不离开自己的村庄、自己的土地，他们仍然是农民。

欣赏主体和创作主体都是农民，这就决定了传统村庄的建筑外墙装饰无论其文化内涵还是其表现形式，都是大众性的、大众化的。

我国传统村庄外墙装饰，由色彩、图案、勾线三大元素组成。其中，图案最为引人注目。

传统村庄建筑外墙装饰所绘制的绘画、图案，包括砖雕、石刻、灰塑中的图案，题材非常广泛，主要涵盖：

（1）农家日常的生产生活场景与环境、农作物、家畜家禽等（图4至图6）；

（2）取自《三国演义》、《西游记》、《隋唐演义》等文学作品和神话、传说及由其改编的戏剧中的人物、故事（图7、图8）；

（3） 与儒学经典、道教、佛教以及祖先崇拜、自然神崇拜、图腾等有关的人物、动物、植物、器物或故事情节（图9、图10）；

▲图 7 村庄外墙装饰中的太白醉酒图

▼图 8 村庄外墙装饰中的寿星出行图

▼图 9 村庄外墙装饰中龙的形象

▲图 10　村庄外墙装饰中八仙所用的器物

▲图 11　村庄外墙装饰中的砖雕赏菊图，让人联想起陶渊明"采菊东篱下，悠然见南山"的诗句

（4）诗词意境的描绘、山水画、书法、篆刻等（图 11）。

这些图案，无论绘制出来还是以石刻、砖雕等形式出现，都一样地寄托着人们对于幸福生活的向往与追求，寄托着人们的美好愿望，抒发着人们美好的感情，人们通过外墙装饰的图案或文字，弘扬爱国主义、忠孝节义，倡导耕读传家、勤俭持家、和睦相处、文明礼貌，或者展示自家、自己的富裕、高雅、有才情、有运气等等，而所有的这一切，都是围绕着"和谐"这个核心在运转。

这些图案所要表达的意义，也就是它的内涵，即使是没有文化的乡民，也一样能够一看就明白、就理解。这又是怎么做到的呢？

根本的原因，在于这些图案都来自于人们所熟悉的生活（物质生活与精神生活），来自于人们都很熟悉的中华文化。无论是外墙装饰的创作主体还是欣赏主体，大家都是在中华文化的海水中泡大的，或者说，大家的血管里流淌着共同的中华文化。我们这里所说的中华文化不但包括人们通常所指的知识性内容与生活方式等，同时也包括思维方式。

我们在这里之所以要特别地强调思维方式，是因为思维方式是区分不同文化的最根本的依据之一。中国是一个诗的国度，中国人想像力丰富，思考或者说理习惯于通过由此及彼、由表及里的推理的方式进行，在日常生活中，中国人喜欢比喻、联想，用生动的、形象的方式表达复杂、抽象的事理。中国的语言文字中，有许多谐音字，中国人非常智慧地利用这一特点，在谐音字中进行意义的联想与转换，比如将姓杨的青年呼为"小羊"，再引申为"小绵羊"等。

传统的村庄建筑外墙装饰充分地利用了中国人思维方式上的这种特点，通过比喻、联想、谐音等方式，将一些美好的意义与相应的事物联系在一起，并把这种关系固定下来，使这些事物成为某种意义的代表或象征。这种方式非常容易为中国人所接受，不需要文字也能非常方便地传播与传承，加之外墙装饰图案画在建筑外墙上，人们天天都能看到，欣赏这些图案成为村民文化生活的一部分，在欣赏的时候，墙上的图案所代表的意义，便被人们充满兴味地讲说并记忆下来。

下面我们举一些例子，来说明“意义”是怎么样固定到相应的事物身上去的：

龙、凤、牛、鸡等是中华民族先民们崇拜的图腾，它们的形象出现在外墙装饰中，自然象征着吉祥的意义；

在佛教传说中，狮子是文殊菩萨的坐骑；在民间传说中，鹿是西王母的坐骑；蝙蝠能帮助钟馗捉鬼除魔；鸡是玉皇大帝派到人间来的九天玄女的化身；喜鹊是农历七月初七之夜为牛郎和织女搭鹊桥的神鸟；鹿和仙鹤是有起死回生奇效的灵芝仙草的守护神，所以，它们自然都是象征吉祥的动物。

鹿与“禄”同音，古代官员的薪俸称为“俸禄”，那么，鹿的形象也就与财富连在了一起；鸡与“吉”谐音，所以，鸡便理所当然地成为象征吉祥的动物了；蝙蝠的蝠字与“福”字同音，所以它的形象，就象征着幸福、福气。

松不畏严寒，梅傲雪怒放，兰清谷幽香，竹经冬不凋，菊在秋霜中开放，它们具有的自然特性，让人们联想到人的优秀品质，诗词歌赋中更是常常将它们作为优秀品质的象征，于是，移植到外墙装饰上的这些植物，也就有了固定的类似意义。同样的例子还有很多很多，如牡丹象征富贵，荷花象征和谐、和睦、和顺、和美，还象征清廉，咧开嘴笑的石榴象征喜庆等等。

人们又更进一步将人物、吉祥动物或具有美好象征意义的植物组合在一起，创作出寓意深远而又通俗易懂的各种组合图案，如：梅花枝头画一只喜鹊，是“喜上眉梢”，这个组合图案布置在门的上方，与人的习惯动作连在一起，便是“抬头见喜”；鱼与“余”同音，鲶鱼的“鲶”与“年”同音，几条戏水的鱼当中有两条鲶鱼，便是“年年有余”；松树枝上立一只仙鹤，是“松鹤延年”，因为在传说中，仙鹤是长寿的仙鸟（图 12、图 13）。

用同样的方法，人们创作出许多寄托着自己美好愿望的组合图案，如：五谷丰登、六畜兴旺、百年好合、榴结百子、富贵牡丹、龙凤呈祥等等。

即使是一些很抽象的花边式的装饰图案，也都被赋予了吉祥美好的寓意，如万字图案、回字图案等。

人们在传统村庄建筑外墙装饰图案中所表达出来的美好感情、美好愿望，最终都可以归结为一个“和”字，家和万事兴，和气生财，和为贵。“和”是幸福的前提和保证，又是幸福的最高境界（图 14）。

▲图 12　松鹤延年图

▼图 13　吉祥牡丹图

传统村庄建筑外墙装饰中的图案，无论动物、植物、人物还是器物，形象都是优美生动的：和合二仙和抱着一条大鲤鱼的孩子笑容灿烂；观音菩萨、老寿星、月下老人慈眉善目、笑容亲切；龙、虎、狮一改它们在衙门门口或大堂上的威严，变得可亲可近；荷花、牡丹似乎也都面带笑容。无论什么图案，都是一样的线条柔和，色彩淡雅。这一切，营造出一个温馨的世界，一个和谐的世界。在传统村庄建筑外墙装饰中，我们看不到灾荒年景农民的焦虑，看不到战乱中农民的恐惧，焦虑与恐惧并不是不存在，但农民在外墙装饰中，画的是自己的理想世界，是自己的美好愿望和美好感情，这或许正是支撑他们熬过灾荒与战乱的精神力量吧。村庄中的外墙装饰展示给人们的，是农民的一个温存而又睿智、豁达的微笑，这是他们对待生活、对待世界的态度，这种态度的后面，则是坚忍和力量。

在村庄的外墙上，农民用和谐的心，画出和谐的世界。

陶渊明在他的散文名篇《桃花源记》中，以这样的文字描绘桃花源中的景象："土地平旷，屋舍俨然。有良田美池桑竹之属，阡陌交通，鸡犬相闻。其中往来种作，男女衣着，悉如外人；黄发垂髫，并怡然自乐。"——那里有良好的资源，有优美的环境，农民们有田可耕，有房子可住，那里没有战乱，没有"猛于虎"的苛政，农民们"往来种作……并怡然自乐"。陶渊明给我们描绘的，是一个理想的世界，一个和谐的世界，在桃花源里，人与自然是和谐的，人与人是和谐的，人自身也是和谐的（他们"怡然自乐"）。陶渊明的这篇《桃

◀图 14　百年好合图

花源记》和他的《归园田居》组诗，对于中华居住文化，产生了极其深远的影响，读他的这些作品，有助于我们更深切地理解我国传统村庄建筑外墙装饰中所体现的和谐精神。

2. 传统村庄建筑外墙装饰的色彩和谐

为了叙述的方便，我们以江南传统村落的色彩为例，来解说传统村庄建筑外墙装饰的色彩和谐。

外墙的色彩与屋顶的色彩，是村庄最基本的色彩，是村庄色彩的主体。外墙的色彩与屋顶的色彩是形影相随的，是相对比而存在的，它们又总是处于一定的环境之中的，讨论外墙色彩的和谐，也就必然地离不开屋顶的色彩和环境的色彩。

人们常常用"粉墙黛瓦"来概括我国江南传统村落的形象。这一概括，是十分准确的，它抓住了江南传统村落最主要、最突出的特征。所谓"粉墙黛瓦"，说的就是江南村落的色彩。"粉"和"黛"，是江南传统村落的基本色彩，以此来代表江南传统村落，可见外墙的色彩具有何等重要的地位（图 15）。

"粉"与"黛"，这两种颜色组合在一起，形成很鲜明的对比，在这样的对比之下，朴素的民居和村庄使人眼前为之一亮。或许正是由于这样的眼前一亮使人产生了错觉吧，许多人都以为那"粉"即是白，"黛"即是黑，"粉墙黛瓦"即是"白墙黑瓦"，粉与黛的色彩对比即是白与黑的对比。这是一种误解。

如果注意观察，你就会发现，那"黛"其实并非纯黑色，而是一种蓝灰色或苍灰色。

人们习惯称传统民居屋顶的盖瓦为"小青瓦"，这里的"青"，也并不是黑色的意思。"青"有多种含义，它可以是蓝，可以是绿，也可以是黑，到底是什么颜色，要依具体情况而定：说"青史"、"青衣"的时候，"青"指的是绿色；说"青丝"的时候，是形容头发的黑；说"青面獠牙"的时候，"青"指的则是蓝色。由于用土不同，工艺不同，各地出产的小青瓦，颜色是不大一样的，就是一个地方、一口窑里烧制出来的小青瓦，颜色也并非完全一致，总是有深有

▶图 15　粉墙黛瓦——安徽省黄山市宏村

浅。颜色有深有浅的小青瓦盖在屋顶上，给人的整体感觉，是蓝灰色或苍灰色，而不是黑色。

同样的，“粉”也不是纯白。虽然传统民居用石灰水刷墙，如果刷上三次，当时墙面确实是比较白的。但是，一经风吹日晒，雨露浸润，那白很快就变成了灰白，时间越久，灰的成分就越重。

所以，“粉墙黛瓦”实际上是灰白色的墙，蓝灰色或苍灰色的屋顶。正是由于墙的颜色和屋顶的颜色中都有灰色的成分，所以，二者色彩的对比虽然鲜明，却绝不生硬，也不强烈。“粉墙黛瓦”让人感受到的是沉稳而又灵动，典雅而又清丽（图 16）。

粉与黛的双色组合所创造的，是和谐。

黛瓦在上，那是蓝天，粉墙在下，那是白云；与苍天接近的，是黛瓦；与江南碧波相连的，是粉墙。江南传统村落，以粉黛二色的鲜明对比，自信而又谦恭地站立在天地与青山绿水之间，以粉黛二色的朴素无华，融入天地与青山绿水之中。

随着阴晴雨雪、一年四季和一天中时间的推移，传统民居的粉色和黛色，也在发生相应的变化。比如，晴天，黛色和粉色都会变得浅一些；而雨天，经过水汽的浸润，黛色和粉色都会变得深一些。更深一些的黛色，会更接近当时天空的颜色；而更深一些的粉色，则更接近当时云和水的颜色（图 17）。

粉墙黛瓦的传统民居，是国画家们最喜爱的题材之一，特别是雨中水边的粉墙黛瓦，画在宣纸上，让那墨色浸润开去，画面便显得水汽淋漓，仿佛房子、

天地、山水和人物，都融于一体了，让人很自然地就想到了“和谐”。

◀图 16　粉墙黛瓦——江西省婺源李坑村

◀图 17　粉墙黛瓦——雨中的浙江省兰溪市诸葛村一角

天地、山水和人物，都融于一体了，让人很自然地就想到了“和谐”。

对于粉墙黛瓦的双色组合所创造的和谐的艺术效果，人们备加珍惜，在进一步对粉墙作装饰的时候，人们始终坚持这样一条原则，即：保持粉墙整体上的完整性、纯洁性。

人们很清楚地认识到，只有保持住粉墙的完整性、纯洁性，才有可能保持住粉墙黛瓦双色组合和谐的艺术效果。粉墙如果被画得花里胡哨，“粉墙黛瓦”的美丽，也就不复存在了。

因此，人们在进行外墙装饰的时候，对于装饰所使用的色彩，是精心考虑、严格控制的。在外墙装饰中，人们主要是绘制图案和使用石刻、砖雕等方式。石刻保持着石头的原色，绝大部分是以青石为材料，其颜色与黛色很接近；砖雕则与墙体的原色、屋顶的黛色一致；至于绘制装饰图案所使用的颜色，也是与黛色极其相近的苍灰色或蓝灰色。这就是说，在对外墙进行进一步装饰的时候，人们坚持只选用与黛色相近的颜色，或者说，人们只允许屋顶的色彩进入墙面。

大美不言，大音希声。江南村庄的粉墙黛瓦，朴素自然，端庄典雅，是非常高明的色彩组合，具有鲜明的中华文化特征。我们的水墨画，我们的青花瓷，我们的蜡染布，我们围棋的黑子白子，我们中国人的眼睛，都是类似的色彩组合。

北方的青瓦青砖墙村庄，基本色彩可以称之为“黛墙黛瓦”。在那黛色的世界里，人们常常用白灰勾砖缝，同样形成一种粉黛双色组合；如果要在檐口处或者其他地方的墙面上绘制装饰图案，也常常是先在相应的部位抹灰、刷白，然后再来用黛色作画。石墙或土墙在装饰墙面的时候，也是用同样的方法（图18）。

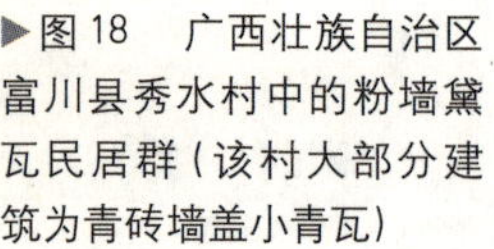

▶图18　广西壮族自治区富川县秀水村中的粉墙黛瓦民居群（该村大部分建筑为青砖墙盖小青瓦）

江南村庄中，也常见青砖墙、土墙和石墙；北方村庄中，也不乏粉墙黛瓦的民居或民居群。除一些少数民族村庄在外墙装饰中会使用一些他们喜爱的鲜艳的色彩之外，江南传统村庄的外墙装饰，一般都只向屋顶的小青瓦“借用”黛色而极少使用其他的颜色；适应北方自然环境的“黛墙黛瓦”村庄，外墙装饰所用的最基本的色彩，则是粉白色。

这可以说是中国传统村庄保持色彩和谐，进而创造村庄优美形象的“秘诀”。

粉黛双色组合是不是只能适应传统村庄，而不能适应现代建筑，尤其是现代高层建筑呢？它能够与时俱进吗？这是一个困惑了人们很长时间的问题。这个问题，只能由实践来回答。

安徽省黄山市的中心城区内，近年来创作了许多新徽派建筑。作为徽派建筑重要特征之一的马头墙，在这些现代化的大厦中，被简化、虚化，成为简单的符号，而粉黛二色的双色组合，却得到强化，成为新徽派建筑的标志。我国的许多城市，先后编制了城市色彩规划，北京、西安、成都、无锡等，均将城市主色调确定为灰色，而苏州，则确定为“黑、白、灰”。实际上，“黑、白、灰”也即是粉黛二色（图 19 至图 25）。

事实已经证明，我们的粉黛双色组合具有无限的生命力，它已经在中国的土地上流行了几千年，它必将继续流行下去，永远流行下去。

◀图 19　安徽省黄山市新徽派建筑中的粉黛双色组合之一

▲图 20　安徽省黄山市新徽派建筑中的粉黛双色组合之二

▲图 21　安徽省黄山市新徽派建筑中的粉黛双色组合之三

▲图 22　安徽省黄山市新徽派建筑中的粉黛双色组合之四

▲图 23　安徽省黄山市新徽派建筑中的粉黛双色组合之五

3. 传统村庄建筑外墙装饰重点部位选择中的和谐之道

黛瓦在上，远看是一个横向延伸的矩形；粉墙在下，也是一个横向延伸的矩形。为了保持粉墙和黛瓦两大色块的完整性和纯洁性，人们进行外墙装饰的时候，精心地选择了民居外墙的檐口、门窗旁边的墙面、勒脚和外墙的墙边、墙角等部位，作为装饰的重点，而将大面积的墙面保持着纯洁的粉色（或青砖墙、土墙、石墙的本色）。

通过对檐口装饰的分析，我们可以对传统村庄建筑外墙装饰重点部位选择中的和谐之道，有一个比较明确的认识。

▲图 24　安徽省黄山市新徽派建筑中的粉黛双色组合之六

▲图 25　安徽省黄山市新徽派建筑中的粉黛双色组合之七

檐口这个部位的墙面，为什么被选定为装饰的重点呢？

这是因为，檐口是粉墙与黛瓦这两大色块交界的地方，绘制窄窄的一条图案，既强调了这里是“粉”与“黛”的分界，又形成一条“缓冲地带”，通过这样的“缓冲”，粉、黛两大色块、两种色彩的过渡便不是截然的、突兀的，而显得自然、平稳。

檐口装饰的手法多种多样，主要是以沿着一条与檐口平行的、窄窄的长条图案的形式出现。檐口装饰的这一条图案的颜色，与黛瓦的颜色相近；图案绝不浓墨重彩，而主要是采用纤细而柔和的线条在粉墙上勾勒描画，整条图案给

▶图 26　檐口装饰图案在黛瓦与粉墙之间形成“过渡地带”

人的感觉，是比较通透的。那些比较复杂的图案，远远地看上去，像是一张长条的、铺在粉色墙面上的、黛色的“网”。

这一条给人以通透之感的檐口装饰图案，从形状上说，它与“粉墙”、“黛瓦”同为矩形；从走向上说，它与粉墙、黛瓦的交界线平行；从色彩上说，它既有“粉墙”的粉，又有“黛瓦”的黛。同时，正因为它既包含了“粉”，又包含了“黛”，所以它既不同于“粉”，又不同于“黛”，它的面目有点“模糊”。而正是这种“模糊”，使得檐口装饰图案具备了使“粉”与“黛”两大色块的“过渡”显得平稳、自然的能力或作用。

中国传统的阴阳五行说，总结了宇宙间阴阳互生、互相转化的规律，认为阳盛极而衰转为阴，阴盛极而衰转为阳；虚与实的转换也同此理。如果以“黛”为阳，以“粉”为阴，那么，檐口的这条装饰图案则是阴阳兼而有之，它既没有“阳”那么盛，也不像“阴”那么强；从虚实对比上说，与“粉墙”、“黛瓦”的“实”相比，它是“虚”或虚实相间的窄窄的一长条“缓冲带”、“过渡带”，而正是在它这里，实现了阴阳、虚实的自然、平稳转换。

这种自然、平稳的过渡或转换，使粉、黛两大色块的组合，显得更为和谐（图 26）。

门和窗旁边的墙面之所以成为装饰的重点部位，原因也许是多种多样的，但是构建和谐，仍然是最重要的原因。

门和窗，是在粉墙上开出的洞，看上去，这些“洞”都是黑色的“色块”。如果不作装饰，这些黑色的色块出现在“粉墙”上，色彩的对比就会过于强烈，就会显得生硬、突兀。

因此，需要“过渡”、“缓冲”，需要在门、窗的黑色与墙的粉白色之间，设置“模糊地带”。这与檐口装饰的道理是一样的。

在我国传统民居建筑中，正门两侧墙面除使用图案装饰外，也常常使用石刻、砖雕，门、窗上方也经常会用砖、瓦砌筑出或简或繁的门罩或窗罩。门罩、窗罩的形式，多数是模仿屋顶或对屋顶的简化，因为是用砖瓦砌筑的，所以色

◀图 27 用块石砌筑的勒脚，自然天成

彩与屋顶的黛色一致，砖雕的颜色同样也是黛色，它们都成为很好的色彩“过渡地带”。

大面积墙面的边角，特别是山墙的大面积墙面，也是外墙装饰的重点部位。其装饰的方法，或者是绘制图案，或者是开设装饰性的窗口。这样做，既保持了大面积墙面的洁净，又使墙面变得生动而又有韵味。

勒脚是墙面接近地面的部分。地面的颜色比粉墙墙面的颜色要深，传统民居的勒脚，常常用砖、石砌筑，一来防水，二来砖、石的颜色接近地面的颜色，这样砖或石砌筑的勒脚，便成为墙与地面的色彩“过渡地带”。将距离地面一定高度的墙面涂成黛色或“画”成青砖清水墙的样子，也是常见的做法。这样做，保持了粉墙黛瓦色彩从上至下的统一性，同样有助于保持民居总体的色彩和谐。

4. 传统村庄建筑外墙装饰所使用材料的和谐之道

传统民居外墙装饰所使用的材料，绝大多数取自本地，最平常不过的砖、瓦、石块，经过巧妙的运用、精心的艺术加工，便发生了神奇的变化，成为艺术品。

由于砖、瓦、石等均取自本地，而且都是民居建筑中所大量使用的，因此，这些材料与民居建筑本体有着天然的内在联系；与当地的自然环境，有着天然的血肉联系。它们虽经加工，成为外墙装饰的组成部分，但却依然像是从民居建筑中、从当地的自然环境中生长出来的，使人备觉亲切（图 27）。

砖、瓦、石，这些外墙装饰中经常使用的材料，其色彩要么出自或接近“黛瓦”的黛色，要么接近“粉墙”的灰白，这就有效地保证了“粉墙黛瓦”双色组合的完整性与纯洁性。

5. 传统村庄建筑外墙装饰与其文化环境的和谐

传统村庄建筑外墙装饰，处于村庄宏观的文化大环境之中，处于村庄中的街巷、广场、庭院等微观的文化环境之中，它与文化环境保持着和谐的关系。

▲图 28　浙江省武义县余源村村前的巨型"太极图"。稻田为"阳"，其溪流对岸的林地为"阴"

中国传统村庄的规划布局，非常注重文化内涵。浙江省兰溪市诸葛村，集中居住着诸葛亮的后裔，该村的空间布局，依诸葛亮八阵图之意，巧妙地利用了山水与地形，营造出优美宜居并具有丰厚文化内涵的村庄环境，为人所称道。浙江省武义县余源村，对流出村前的溪流加以改造，使之形成一个规整的"S"形，溪畔一侧大片的稻田与对岸的林地，共同在村头大地上"画"出了一幅巨型太极图（图 28、图 29）。这幅巨型太极图，确定了余源村文化内涵的主题与基调。该村的各种文化艺术形式中，都贯穿着这样的内容，建筑外墙装饰自然也是如此，就连村街和庭院中的铺地图案，也多有关于太极图的内容（图 30）。

无论文化内涵还是表现形式，传统村庄建筑外墙装饰与村庄中其他的各种艺术形式，都是你中有我，我中有你，大家的宇宙观和哲学思想，都可以归结到"天人合一"、阴阳五行、儒学经典，大家都反映着人们对于美好生活的向往与追求，大家的价值观和审美情趣都是一致的。

如果追溯村庄建筑外墙装饰中图案最初的出处，我们可以断言，有许多是来自陶器上的装饰图案，也有许多是来自服饰中的装饰图案。从图 31 中我们可以看到，这位云南楚雄彝族汉子头饰上的装饰图案，有些与建筑外墙所用装饰图案十分相似，而他头饰的色彩和上衣的色彩，则正是粉黛双色组合（图 31）。

▲图 29　浙江省武义县余源村模型的一部分，生动地展示了村前的巨型“太极图”

▲图 30　浙江省武义县余源村某庭院铺地中的太极图

▲图 31　云南省楚雄彝族汉子的头饰

▲图 32　村庄建筑屋顶装饰的“戟”与“葫芦”。“戟”与“吉”谐音，“葫芦”与“福禄”谐音

村庄建筑外墙装饰中的图案，有许多是与建筑屋顶的装饰相通的（图 32）；有许多是与室内或院内的石刻、砖雕、灰塑、建筑木雕、家具木雕与图案，与日常用具、器具、摆设的造型或装饰图案相同或相近的（图 33 至图 40）；有许多是与村街、广场上的石刻等装饰相同或相似的（图 41）。

可以说，中国传统的村庄文化环境，是一个和谐的整体，而村庄建筑外墙装饰，则是这个和谐整体中的一部分。如果说，村庄、村街、庭院和建筑内部的各色装饰，是村庄建筑外墙装饰重要的文化环境，那么，反过来，村庄建筑外墙装饰也是它们重要的文化环境，是相辅相成的，它们共同丰富、美化着村庄和村庄的生活。

▲图 33　村庄庭院中石刻上鹿的形象

▲图 34　村庄庭院中柱础上的荷花图

▲图 35　村庄建筑木雕中的孔雀形象

▲图 36　村庄民居室内窗花木雕中的《三国演义》故事场景

▲图 37 村庄民居中木制家具上的凤凰形象

▲图 38 村庄民居室内摆设瓷器的粉黛双色组合

▲图 40 村庄庭院铺地中的"五福同寿"图案

▲图 41 村庄石桥栏板上的"喜鹊牡丹"图

▲图 39 村庄民居庭院内摆设上的龙图案

以上我们从传统村庄建筑外墙装饰的文化内涵、色彩、装饰重点部位的选定和装饰材料的选用等四个方面，讨论了中国传统村庄建筑外墙装饰的和谐之道。首先是内容——文化内涵的和谐，其次是形式的和谐，即色彩、装饰部位和装饰用料的和谐，在中国传统村庄建筑外墙装饰中，这二者是统一的，各自从不同的角度，用不同的方式创造着和谐；同时，又是互为依托甚至互相渗透的。比如，粉色和黛色是形式，但它们组合在一起，这种组合又经过千百年的发展，固定下来，成为中国人习用的、喜爱的艺术语言，粉墙黛瓦又成为江南村庄的代名词，那么，这种粉黛双色组合便成了一种文化，成为外墙装饰文化内涵的一部分，而且是十分重要的一部分。

通过前面的讨论，我们现在可以对村庄建筑外墙装饰，作出如下概括：

村庄建筑外墙装饰是以村庄建筑外墙为载体的农村大众文化艺术形式。

村庄建筑外墙装饰的欣赏主体和创作主体，是农民。

村庄建筑外墙装饰有十分丰富的文化内涵，和谐是村庄建筑外墙装饰的灵魂与核心。和谐精神既体现在村庄建筑外墙装饰的文化内涵中，又体现在其表现形式上。

为了充分地表现和谐的文化内涵，创造并维护和谐的形式，中国传统村庄建筑外墙装饰在长期的实践中形成了自己独特的艺术创作原则，主要包括：

装饰题材的选取，主要来自农民所熟悉的生活（包括农民的物质生活和精神生活）；

以江南粉墙黛瓦的传统村落为代表，村庄外墙装饰注重保持基本色彩的单纯与淡雅，创造对比鲜明而又和谐的色彩组合，除屋顶的黛色与墙体的本色之外，一般不引入其他颜色装饰外墙；

外墙装饰的重点部位，选择在檐口、门窗旁边的墙面、勒脚和外墙的边角处，注重保持大面积墙面的洁净；

外墙装饰的材料，选用本地建材，主要选用屋顶和墙体所用的材料。

三、新农村建筑外墙装饰的教化功能

人们在谈及村庄建筑外墙装饰功能或作用的时候，常常提到的，不外乎是这样的两句话：一是“美化村庄景观”，二是“改善农民居住环境”，似乎这就概括了村庄建筑外墙装饰的全部功能或作用。

这种认识显然是十分表层而又片面的，它完全脱离了中国村庄建筑外墙装饰的传统与实际。

这样的认识所导致的必然结果，就是只知道用色彩和勾线这样的简单手段，来进行村庄建筑外墙装饰。在色彩的选择与使用上，也常常会出现脱离村庄文化底蕴的随意性。当若干个村庄都像这样，仅仅从追求“美化”的目的出发来进行外墙装饰的时候，他们所“画”出来的村庄外墙，能不千村一面吗？

正如我们在前面已经反复讨论过的那样，中国传统村庄的建筑外墙装饰，有着非常丰富的文化内涵，它的图案、绘画和石刻、砖雕，题材十分广泛，其中包括着大量的文化信息：有儒学经典，有佛、道人物、故事，有历史，有传说，有文学作品、戏剧戏曲中的人物、故事，有山水花鸟、动物植物；这些文化信息，以优美生动的形象，在淡雅的色彩中，共同组成一个和谐的世界，焕发着和谐的精神。这是中国传统村庄建筑外墙装饰的独特之处，它也就决定了中国村庄的建筑外墙装饰具有独特的功能与作用——文化信息的传播功能和潜移默化的教化功能。

由于外墙装饰内涵丰富、题材广泛，为广大农民群众所喜闻乐见，所以就吸引了他们来欣赏、来创作。于是，村庄外墙装饰又成为农民自娱自乐、自我教育和展示才华的园地。

如果能充分地认识并发掘、拓展村庄建筑外墙装饰的上述属于文化艺术方面的功能，各个村庄的外墙装饰就有可能出现异彩纷呈、各具特色的生动局面。

四、新农村建筑外墙装饰的传承与创新

社会主义新农村建设中的村庄建筑外墙装饰，服务的对象，是今天的和未来的农民、农村居民，因此，它必须适应现代生活，适应现代农民的需要。

今天的农民，是昨天的农民的后人，他们身上有新的东西，同时，他们也传承了传统的东西，他们是传统与现代的结合体，所以他们的需要也是传统与现代的结合体。

因此，新农村建筑外墙装饰应该努力传承传统，同时又必须不断创新，在传承中创新，在创新中发展。惟其如此，才能适应今天，跟上时代。

我们今天正在努力构建社会主义和谐社会，构建社会主义和谐文化，和谐已经成为我们这个时代的主旋律。我们今天所要创建的和谐中，我们和谐文化的核心——社会主义核心价值观中，既有属于我们这个时代的全新内容，也传承了中华传统文化中的精华和积极成分。这其中，当然也包括了我国传统村庄建筑外墙装饰文化中的和谐内涵与和谐形式。这就是说，传统的和谐与我们现代的和谐，本来就存在着传承的关系，本来就有着相通的内容与形式。这就使我们的传承和创新有了一个共同的基础，有了一个核心，有了明确的目标，那就是和谐。

传承、弘扬我们传统文化中的和谐，以创新精神构建社会主义和谐文化，这就保证了传承与创新的统一。

在政府引导、支持之下，大规模开展的村庄建筑外墙装饰工作，改变了村庄建筑外墙装饰的创作主体构成、资金来源和工作模式；随着城乡联系的日益密切，大量城市居民进入农村空间，或办实业，或旅游观光，由此又引发了村庄建筑外墙装饰欣赏主体的变化。上述变化，使村庄建筑外墙装饰变成一项社会性的事业，并从根本上改变了村庄建筑外墙装饰的传统运作模式，催生了全新的新农村建筑外墙装饰发展模式。

在全新的发展模式中，村庄建筑外墙装饰规划是一个十分重要的环节，而尊重农民，则是一项必须始终坚持不渝的原则。

第一章
村庄建筑外墙装饰规划

村庄建筑外墙装饰，应该在统一规划的指导下进行，以塑造以社会主义核心价值观为主导的、文化内涵丰富的、优美的、风格统一的村庄特色为目标。

村庄建筑外墙装饰，应以人为本，即以广大农民为本，力求达到时代性、民族性、地域性的统一，坚持传承弘扬与创新发展相结合的原则，坚持从实际出发、因地制宜的原则，坚持节约的原则、坚持生态优先的原则。

编制村庄建筑外墙装饰规划，须掌握村庄人口规模、经济发展状况等基本情况；应对村庄的自然环境、现有建筑及村庄空间布局特点进行分析研究；应对村庄历史文化积淀作深入调查；同时，应深入了解村庄的产业发展规划和总体规划并与之相衔接，以确保村庄外墙装饰规划从实际出发，为农民服务，为村庄的经济社会发展服务，突出村庄特色，具有较强的可操作性。

一、文化内涵，和谐健康

中国传统文化是以“天人合一”理念为核心的“和”文化，我国传统村庄的建筑外墙装饰文化，具有与此相同的特征。

今天，我们正在努力构建社会主义和谐社会，建设社会主义和谐文化，因此，无论是对于传统外墙装饰文化的传承，还是对于村庄外墙装饰的创新，都必须紧紧把握住“和谐”这一核心理念。

新农村建筑外墙装饰的传承与创新，都应包括两个方面的内容，即文化内涵的传承与创新和外墙装饰形式的传承与创新。

传统村庄外墙装饰的题材非常广泛，除反映农家日常的生产生活之外，大多取自《三国演义》、《西游记》、《隋唐演义》等文学作品和儒学经典或道教、佛教故事以及戏曲故事、民间传说中的人物、动物、植物、器物或故事情节，其思想内涵主要是：弘扬爱国主义、民族大义，倡导耕读传家、勤俭持家、和睦相处、文明礼貌。

传统民居外墙装饰的图案，无论石刻、砖雕还是绘画，都寄托着人们对于幸福生活的美好愿望：五谷丰登、六畜兴旺、百年好合、榴结百子、富贵牡丹等，是外墙装饰中经常出现的画面。

外墙装饰所使用的人物和动物、植物、器物形象，大多含有约定俗成的寓意，如：鲤鱼跳龙门寓意金榜高中；松、鹤寓意长寿；蝙蝠寓意福气；鹿、葫芦寓意财富；石榴、鱼寓意家族兴旺；松、竹、梅寓意气节；桃、李、杏寓意春天；荷花寓意夏天和清廉；宝瓶寓意平安；百合、荷花寓意和谐、和睦等等。

将一些人物和动、植物图案巧妙地组合在一起，利用汉语的谐音字，启发人联想到吉祥的成语，是传统民居外墙装饰常用的方法：如：梅花枝头画一只喜鹊，是“喜上眉梢”；几条戏水的鱼当中有两条鲶鱼，是“年年有余”；松树枝上立一只仙鹤，是“松鹤延年”。

即使是一些很抽象的花边式的装饰图案，也都含有吉祥的寓意，如万字图案、回字图案等。

由此可见，传统村庄建筑外墙装饰的内涵与表现形式，达到了高度的统一，这是我们应该特别注意传承与弘扬的。

编制村庄外墙装饰规划时，对于传统的外墙装饰文化，应取其精华，传承弘扬，并从今天的生活与需要出发，引入具有时代精神的内容、题材、思想和理念；在表现手法上，应努力从各种艺术形式中借鉴、学习新的东西，敢于创新，善于融百家于一炉，不断丰富外墙装饰的表现手法，提高其表现力、感染力。

二、塑造特色，融入环境

村庄外墙装饰，应能使村庄特色更加突出，使村庄人文景观与自然环境融为一体，在编制外墙装饰规划时，可以从以下三个方面入手：

1. 结合村庄历史文化特点选择、设计、布置外墙装饰图案

我国的村庄，一般都有较长的历史，在村庄的发展历程中，常常会形成自己的传说、故事和风俗，会有自己的名人轶事，会有自己具有特殊文化内涵和纪念意义的建筑与空间环境。有许多村庄，拥有国家级、省级、市县级的文物保护单位。这些都是村庄宝贵的财富和资源。编制村庄外墙装饰规划时，应深

入调查，掌握这些情况，做出相应的规划设计，如：义乌分水塘村有陈望道先生故居，那里也是陈望道先生翻译《共产党宣言》的地方，该村的外墙装饰就可以考虑突出这一历史事件；义乌马踏石村流传着一则关羽的传说，村庄外墙装饰规划可以较多地布置有关关羽和忠、义的内容。

2. 结合村庄的产业、作物特点编制外墙装饰规划

村庄的优势产业与特色作物，同样是村庄重要的文化特色。编制村庄外墙装饰规划时，要善于抓住这些特色，加以渲染、强化。如义乌立山黄村有种植石榴的传统，村庄周围秋季和冬季一片金黄，村庄外墙装饰规划可以以石榴为主题。以粮食作物或蔬菜、水果、养殖业为主导产业的村庄，外墙装饰同样可以突出相关主题。工业较为发达的村庄，外墙装饰可以更多地选用几何图形的图案，创造浓厚的现代气息。以旅游业为主导产业的村庄，可以根据自己的主打旅游项目，确定村庄建筑外墙装饰的主题。

3. 充分利用村庄优势自然资源

充分利用村庄优势自然资源编制外墙装饰规划，既有利于突出村庄特色，又可以使村庄外墙装饰与自然环境融为一体。如：江南村庄多有池塘，村庄外墙装饰可以以鱼、荷为主题；具有小桥流水人家特点的村庄，外墙装饰可以更多地使用传统外墙装饰的梅、兰、竹、菊等图案；处于山地环境的村庄，则可以利用地势起伏，村庄建筑外墙充分展示在人们面前的特点，注重通过建筑外墙装饰，塑造村庄变化多姿的整体形象。

三、色彩淡雅，统一风格

村庄外墙装饰应注重整体效果，力求全村外墙装饰风格的统一。

“粉墙黛瓦”是我国江南传统民居、传统村落最突出的特征。“粉”与“黛”这两种颜色组合在一起，形成鲜明的对比和简约清丽的风格，并与江南的绿水青山融为一体；我国北方的村庄中民居，主要是以青砖墙、小青瓦屋顶为主，形成村庄“黛墙黛瓦”的整体形象，适应了北方的自然环境。在北方村庄的“黛墙黛瓦”色彩基调中，也经常会出现白色或粉色。可以说，适应自然环境，主要使用粉、黛二色，形成淡雅和谐的统一风格，是我国传统村庄建筑外墙装饰的共同特点。在编制村庄外墙装饰规划时，应紧抓住这一特点，创造村庄建筑外墙装饰整体上的统一风格。

四、繁简得当，突出重点

村庄外墙装饰应突出重点。

平均用力，到处撒胡椒粉，不可能取得理想的效果。

突出重点，有两方面的含义。

一是作为民居单体建筑的外墙装饰，应以檐口、门窗旁边墙面、勒脚墙面和墙面（特别是山墙墙面）的边角部位和围墙、院墙墙面的上半部等部位为装饰重点。

二是村庄整体的建筑外墙装饰，应以村庄入口处的建筑和主要道路两侧的建筑、村庄主要道路节点、广场周边的建筑和文化活动中心、小学、幼儿园、宗祠等建筑的外墙，作为村庄外墙装饰的重点，可根据其各自的功能与特点，进行较为繁复的外墙装饰。

一般民居的外墙装饰，应使用较为简约的手法进行装饰。

五、多种手段，综合运用

外墙装饰并非村庄景观美化的惟一手段，在编制村庄外墙装饰规划时，应充分考虑外墙装饰与其他多种景观美化手段的相互配合，综合运用多种手段美化村庄景观。墙体绿化、屋顶绿化，房前屋后花草树木的种植，点石、堆石与墙体形态、用材的变化等等，都可以与建筑外墙装饰互相配合，共同创造优美的景观。

第二章

村庄建筑外墙装饰案例与装饰设计

村庄建筑外墙装饰是为农民服务的、大众性的文化艺术形式。

中国传统村庄的建筑外墙装饰，与所有的建筑外墙装饰一样，具有美化建筑进而美化环境景观的功能。这种美化功能，是作用于人的视觉，使人感到愉悦而实现的。

与一般建筑外墙装饰不一样的是，中国传统村庄建筑外墙装饰，有着丰富的文化内涵，除使用色彩、直线线条等手段外，还大量地使用形象生动的绘画与图案。这些绘画与图案，传达着丰富的文化信息，是农村生产、生活的生动反映，体现着农民的理想和愿望，寄托着他们美好的感情。由此，决定了中国村庄的建筑外墙装饰，具有潜移默化的教化功能。这种教化功能的实现，不仅需要通过人的视觉，还必须通过人的思想活动、感情活动，需要调动人的文化储备，它给予人们的，除了感觉之外，还有思想、知识、哲理、人生感悟等等，远非“愉悦”那么简单。

具有美化和教化的双重功能，是中国传统村庄建筑外墙装饰的与众不同之处，是中国传统村庄建筑外墙装饰的突出特点。

这一突出特点，决定了对于中国村庄建筑外墙装饰的特殊要求：既必须努力实现村庄建筑外墙装饰美化建筑的功能，又必须实现外墙装饰潜移默化的教化功能。

▼图 42　檐口色彩装饰案例

为了使上述双重功能能够得以实现，村庄建筑外墙装饰，既需要遵循一般的关于外墙美化的规律，同时，又必须遵循文化艺术创作的规律。

广泛地了解、研究村庄与城市建筑外墙装饰的案例，对于开阔视野，认识和掌握村庄建筑外墙装饰的规律，提高外墙装饰规划与设计的水平，具有重要的意义。

一、檐口装饰

檐口是村庄建筑外墙装饰的重点之一。

檐口装饰可分为平面装饰和立体装饰两大类。

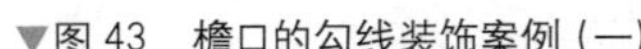

▼图 43　檐口的勾线装饰案例（一）

1. 檐口的平面装饰

檐口平面装饰可分为色彩装饰、勾线装饰、元素性图案装饰和复合图案装饰四种类型。

（1）檐口的色彩装饰

檐口的色彩装饰，不用线条或图案，仅以一条走向与檐口基本平行的色彩带装饰檐口。粉墙檐口的装饰色彩带一般为黛色；青砖墙、土墙檐口装饰的色彩带，多用粉白色（图 42）。

（2）檐口的勾线装饰

檐口的勾线装饰多用于粉白墙，线条以苍灰色、蓝灰色为宜。檐口勾线装饰在墙角处多与墙角处的墙面装饰图案或勾线互相配合（图 43）。

▼图 43　檐口的勾线装饰案例（二）

（3）檐口的元素性图案装饰

元素性图案装饰是檐口装饰常见的形式。所谓元素性装饰图案，是将单个的元素性图案，如万字、回字等抽象图案或花鸟、器物形象图案连接起来，延伸至需要的长度，并与边框图案配合而形成的檐口装饰图案（图 44）。

（4）檐口的复合图案装饰

檐口的复合图案装饰，是指将绘画作品、画作式图案、组合图案和边框图案等装饰手段互相配合，共同形成新的、较为复杂的图案对檐口进行的装饰。

复合图案装饰多用于祠堂等公共建筑或大宅院正墙的檐口（图 45）。

▼图 44　檐口的元素性图案装饰案例（一）

▼图 44　檐口的元素性图案装饰案例（二）

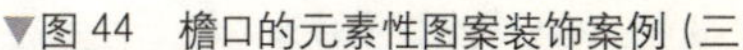

▼图 44　檐口的元素性图案装饰案例（三）

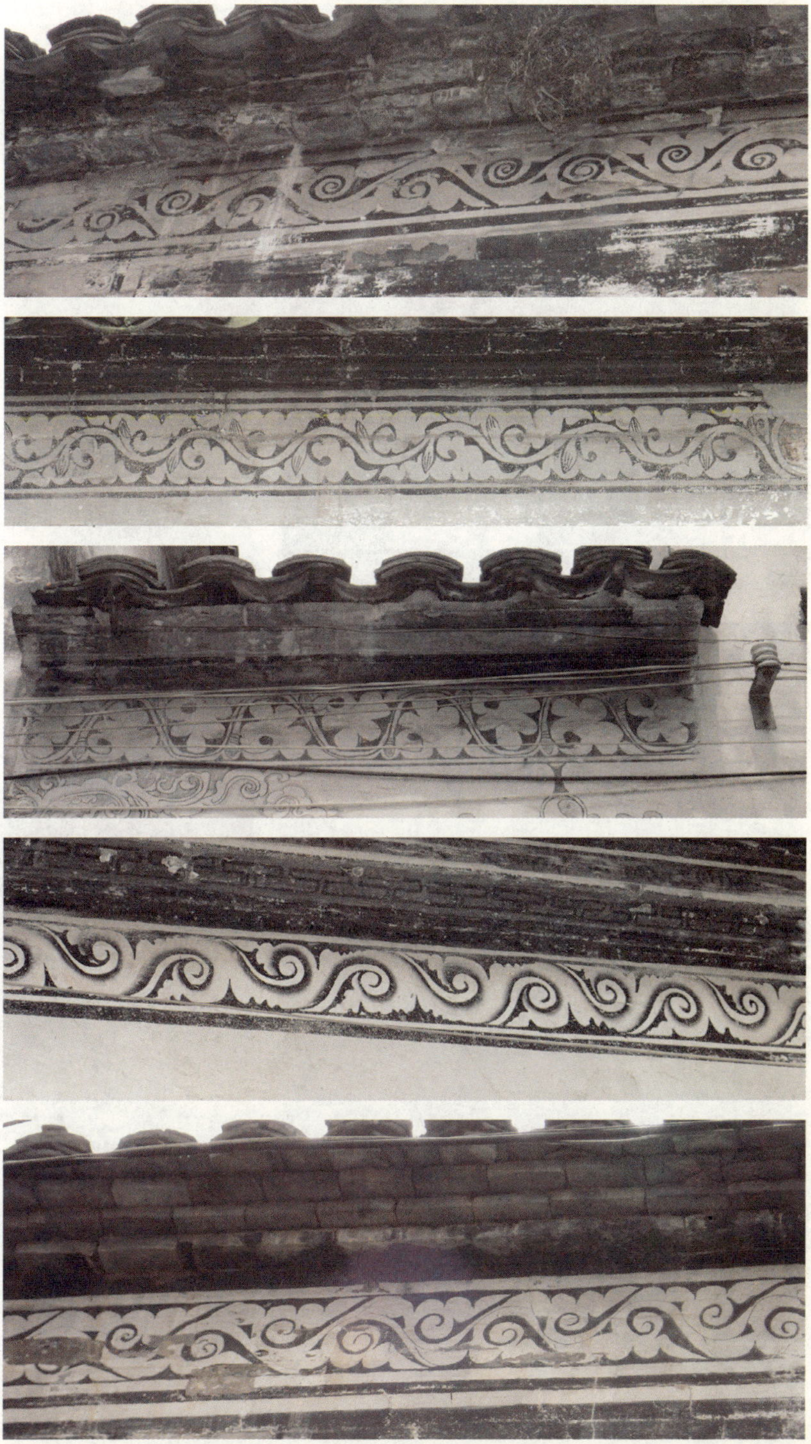

▼图 45　檐口复合图案装饰案例（一）

▼图 45 檐口复合图案装饰案例（二）

▼图 45　檐口复合图案装饰案例（三）

▼图 45 檐口复合图案装饰案例（四）

2. 檐口的立体装饰

立体装饰是以砖雕、石刻、灰塑等手段对檐口进行的装饰。立体装饰经常与平面装饰互相配合（图46）。

▶图46 檐口立体装饰案例（一）

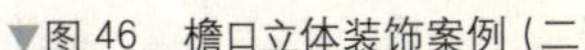

▼图 46　檐口立体装饰案例（二）

▼图 46　檐口立体装饰案例（三）

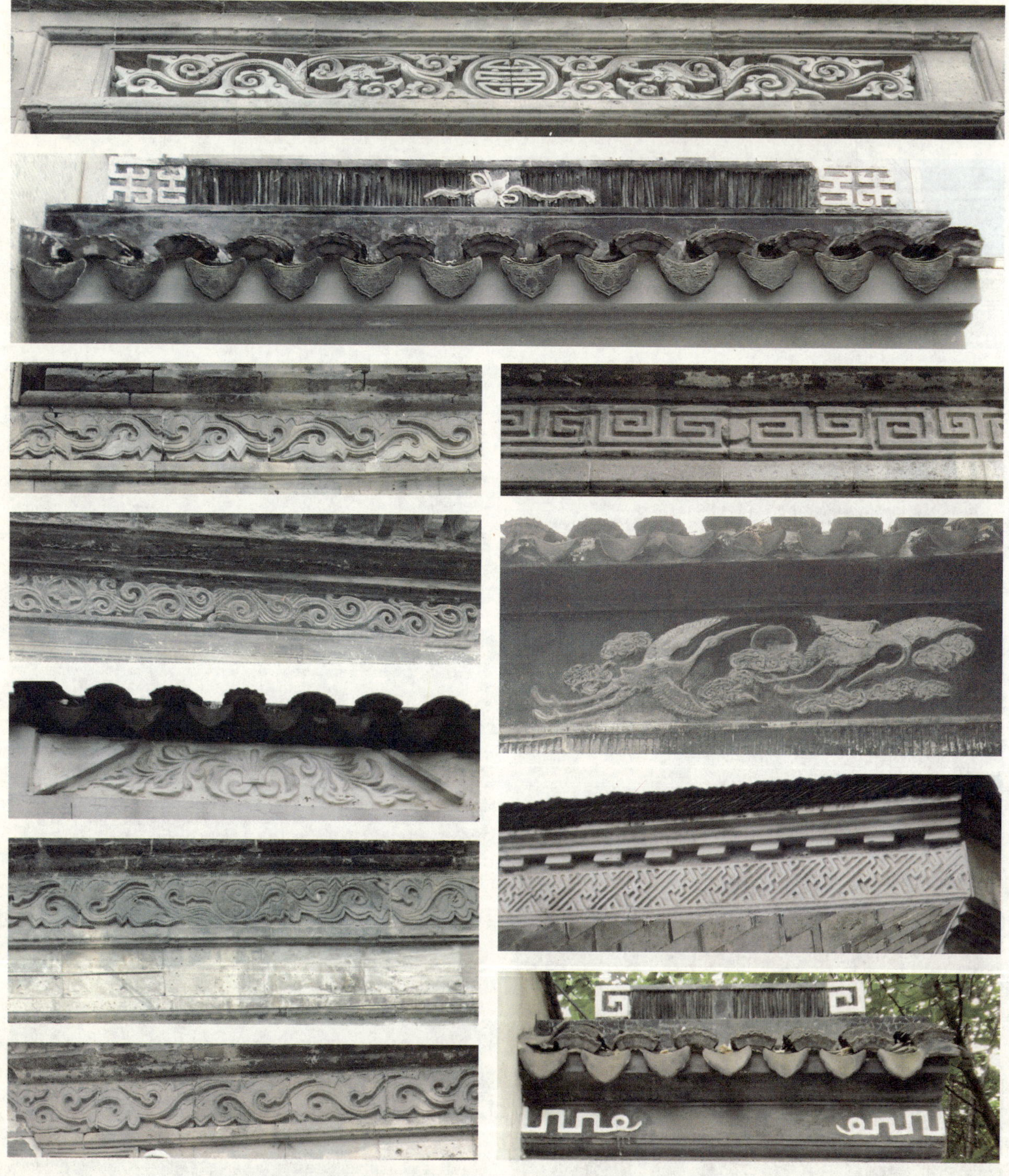

二、门窗旁墙面装饰

这里所说的门窗旁墙面装饰，主要是指门、窗上方与两侧墙面的装饰，也包括窗下方墙面的装饰。

传统民居门窗旁墙面的装饰有时候做得很繁复，除使用绘画、图案、勾线外，石刻、砖雕、灰塑和以砖、瓦砌筑门罩、窗罩、窗台等，都是常用的装饰手段。现代建筑门窗旁墙面的装饰趋向于简化，多采用图案、勾线装饰或色块装饰。

村庄活动中心、学校、祠堂等较大型公共建筑大门上方和两侧的墙面，可作较大面积的、较繁复的装饰。

（一）门旁墙面装饰案例

门旁墙面装饰可分为三类，即平面装饰、立体装饰、复合装饰。

平面装饰主要是指以勾线、绘画和绘制图案为手段的装饰；立体装饰主要是指以砖瓦砌筑、抹灰或砖雕、石刻为手段的装饰；复合装饰则是上述两种装饰类型综合运用的装饰方式。

（1）门旁墙面的平面装饰案例（图 47）

（2）门旁墙面的立体装饰案例（图 48）

（3）门旁墙面的复合装饰案例（图 49）

◀图 47　门旁墙面的平面装饰案例（一）

▼图 47　门旁墙面的平面装饰案例（二）

▼图 47 门旁墙面的平面装饰案例（三）

▼图 48　门旁墙面的立体装饰案例（一）

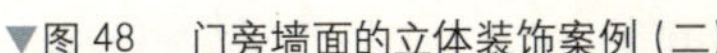

▼图 48　门旁墙面的立体装饰案例（二）

▼图 48　门旁墙面的立体装饰案例（三）

▼图 49　门旁墙面的复合装饰案例（一）

▼图 49　门旁墙面的复合装饰案例（二）

▼图 49　门旁墙面的复合装饰案例（三）

▼图 49　门旁墙面的复合装饰案例（四）

（二）窗旁墙面装饰案例

窗旁墙面装饰同样可分为平面装饰、立体装饰、复合装饰三种类型。三种装饰类型划分的方式，与门旁墙面装饰类型的划分方式相同。

（1）窗旁墙面的平面装饰案例（图 50）

（2）窗旁墙面的立体装饰案例（图 51）

（3）窗旁墙面的复合装饰案例（图 52）

◀图 50　窗旁墙面的平面装饰案例

▼图 51　窗旁墙面的立体装饰案例（一）

▼图 51　窗旁墙面的立体装饰案例（二）

▼图 51　窗旁墙面的立体装饰案例（三）

▼图 52　窗旁墙面的复合装饰案例

（三）门窗旁墙面装饰设计

义乌后力山村王氏祠堂的正立面外墙装饰，是一个典型的案例（图 53）。通过对这个案例的分析，可以发现传统民居外墙装饰中檐口、门窗旁墙面和勒脚的装饰是以什么样的艺术手法来创造和谐的。

义乌后力山村王氏祠堂正立面外墙檐口的装饰，是以横向窄窄的一条图案布置在檐口；勒脚装饰成深色；正门上方和两边的墙面是装饰的重中之重，而其他的墙面则保持着粉墙的完整与纯洁。

义乌后力山村王氏祠堂的正门，两侧的墙壁，都作了复杂的石刻浅浮雕装饰；石门柱上刻写了对联；门楣上方，石刻“王氏宗祠”四个大字，书法艺术被用来作为装饰的手段；“王氏宗祠”四个大字四周，饰以精美的石刻。

墙面的繁复装饰，与门前的一对石狮和几级石阶结合在一起，渲染出祠堂非凡的气势。

▼图 53　义乌后力山村王氏宗祠正立面外墙装饰重点部位选择示意图

门、窗旁墙面装饰设计方案举例（图 54）

（1）普通民居单扇门门旁墙面设计

（2）公共建筑或民居双扇门、院门门旁墙面装饰设计

（3）圆门门旁墙面装饰设计

（4）窗旁墙面装饰设计

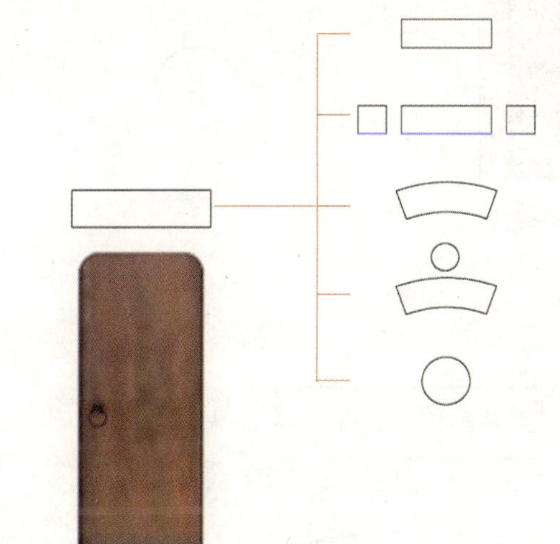

普通民居单扇门门旁（上方）墙面装饰设计

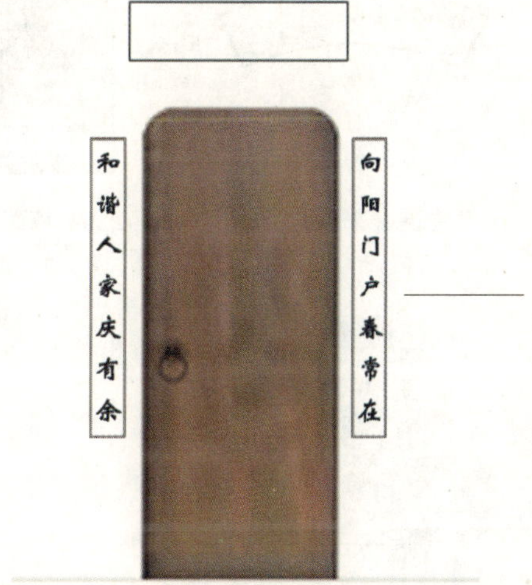

普通民居单扇门门旁（两侧）墙面装饰设计

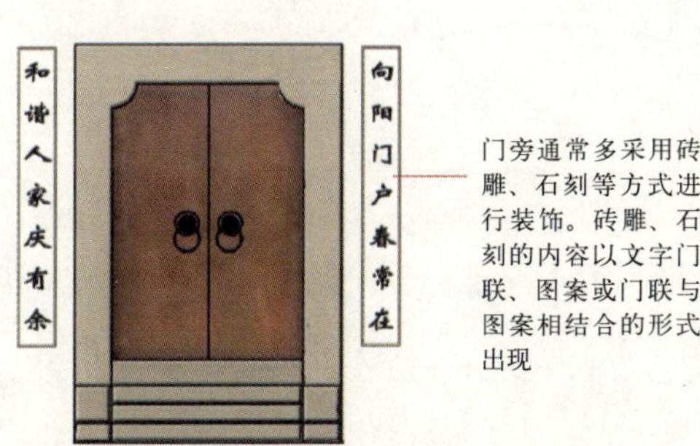

公共建筑或普通民居双扇门门旁（两侧）墙面装饰设计

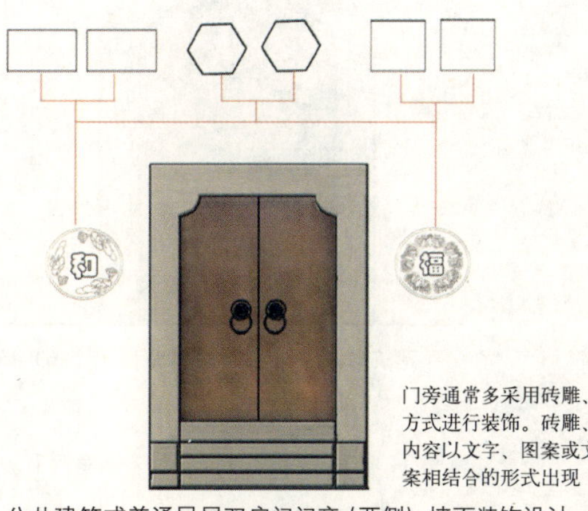

公共建筑或普通民居双扇门门旁（两侧）墙面装饰设计

▲图 54　门、窗墙面装饰设计方案举例（一）

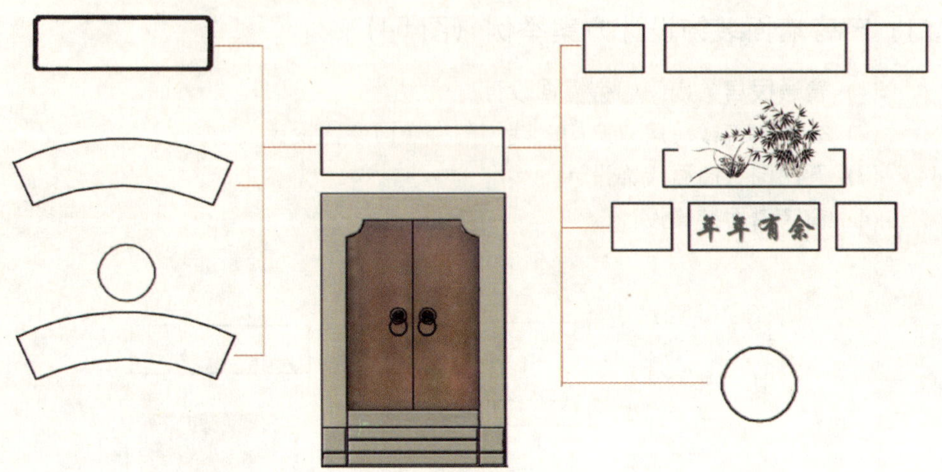

公共建筑或普通民居双扇门门旁（上方）墙面装饰设计

公共建筑或普通民居双扇拱门门旁（上方）墙面装饰设计

▲图 54　门、窗墙面装饰设计方案举例（二）

公共建筑或普通民居双扇门门旁墙面装饰设计

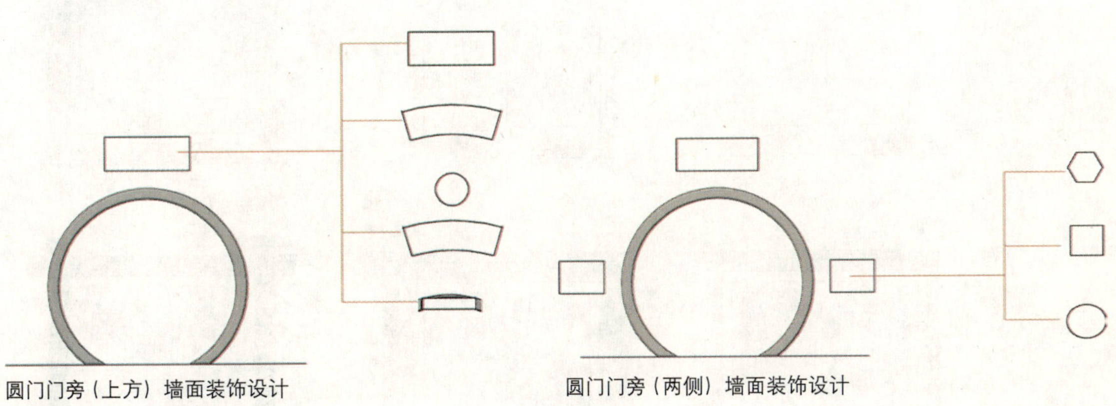

圆门门旁（上方）墙面装饰设计

圆门门旁（两侧）墙面装饰设计

▲图 54　门、窗墙面装饰设计方案举例（三）

▼图 54　门、窗墙面装饰设计方案举例（四）

三、墙面边角部位装饰

外墙装饰一个重要的原则，是保持大面积墙面的洁净，以保证建筑单体特别是村庄整体外墙装饰淡雅、统一的艺术效果。由此，决定了外墙装饰重点部位选择的原则，无论檐口、门窗旁墙面还是勒脚，这些外墙装饰的重点部位，都处于建筑外墙的边、角部位或外墙与门窗共同形成的边、角部位（图 55）。

我们这里所说的墙面边角部位装饰，主要是指大面积外墙墙面边角部位的装饰。大面积墙面，如建筑山墙的墙面、围墙或院墙的墙面，由于面积很大，容易让人产生单调、乏味的感觉。在保持大面积墙面洁净的前提下，对墙边、角部位的墙面进行装饰，既无损大面积墙面的洁净，又能使其显得生动有趣，同时，也更进一步强调了大面积墙面的洁净。

墙面边角部位装饰的方法多种多样，主要的方法有：勾线装饰、图案装饰、开设装饰性与功能性相结合的小窗和色彩装饰等四种方式。

1. 勾线装饰主要出现在墙体的边角部位

2. 图案或立体装饰

既包括平面的图案装饰，也包括石刻、砖雕和灰塑等的立体装饰。

3. 装饰性与功能性相结合的小窗

一般都比较具有艺术性，如圆窗、菱形窗、六边形或八角窗等。围墙、院墙的装饰性窗口，均开设在墙体的上半部，这种窗口既能美化墙壁，又可使墙内、

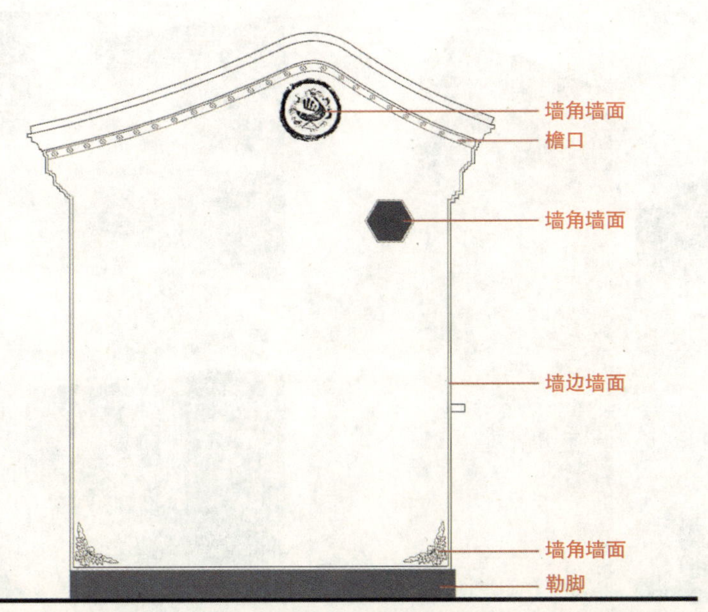

◀图 55　山墙墙面装饰重点部位示意图

墙外的景观互融，起到“借景”的作用。在现代建筑中，围墙、院墙上的装饰性窗口，有时会开得相当大，并对窗口旁边的墙面进行装饰；山墙墙面的装饰性小窗，主要开设在山墙的“山尖”或山墙平筒处的水平线与垂直线相交所形成的角上（位于建筑物前面的那个角）。

装饰性小窗旁边的墙面，也可以做一些装饰（一般采用线条装饰）。

4. 色彩装饰

在现代建筑中，在大面积粉白墙面上绘制块状或条状青砖清水墙作为装饰，或在大面积青砖墙上做条状或块状粉白墙装饰，已成为常见的手法。我们将这种手法称之为色彩装饰。

公共建筑、学校、幼儿园的大面积墙面，在需要时，可以做一些装饰，但同样应以不影响村庄外墙装饰的整体效果为前提。

墙面边角部位装饰案例

（1）墙面边角部位勾线装饰案例（图 56）

（2）墙面边角部位图案与立体装饰案例（图 57）

（3）墙面边角部位开窗装饰案例（图 58）

（4）墙面边角部位色彩装饰案例（图 59）

▼图 56　墙面边角部位勾线装饰案例

◀图 57　墙面边角部位图案与立体装饰案例（一）

▼图 57 墙面边角部位图案与立体装饰案例（二）

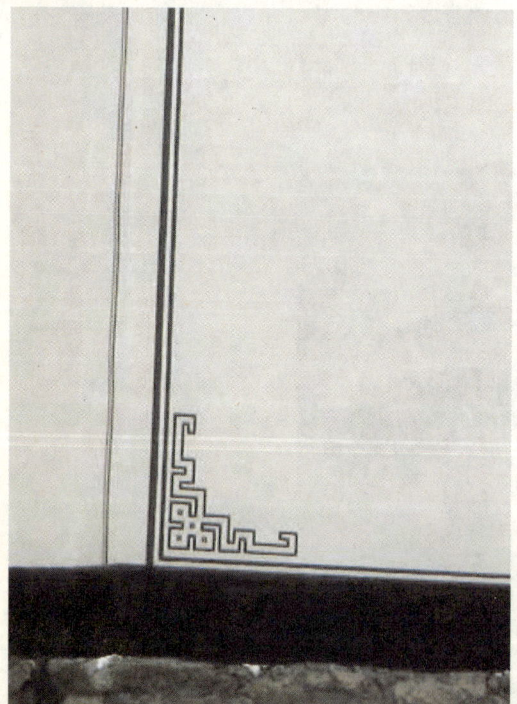

▼图 57 墙面边角部位图案与立体装饰案例（三）

▼图 57　墙面边角部位图案与立体装饰案例（四）

▼图 58　墙面边角部位开窗装饰案例（一）

▼图 58　墙面边角部位开窗装饰案例（二）

▼图 58　墙面边角部位开窗装饰案例（三）

▼图 59　墙面边角部位色彩装饰案例

四、勒脚装饰

勒脚装饰是建筑外墙接近地面部分墙面的装饰。勒脚装饰大体上可分为平面装饰和立体装饰两大类。

勒脚平面装饰的主要作法，是涂刷黛色等较深的色彩，此外，在外墙的勒脚墙面画出青砖清水墙的效果，也是勒脚平面装饰常用的手法。

勒脚的立体装饰，手法多种多样，石刻、砖雕最为常见。那些石砌、砖砌的勒脚，与其上面做了抹灰的墙面或土墙墙面，在色彩、质感、线条等方面都形成差异，也可以看作是一种立体装饰。一些新建建筑的外墙勒脚，用贴面砖的方式进行装饰，同样属于立体装饰的类型。

（一）勒脚装饰案例（图 60）

▼图 60　勒脚装饰案例（一）

▼图 60　勒脚装饰案例（二）

▼图 60　勒脚装饰案例（三）

▼图 60 勒脚装饰案例（四）

（二）勒脚装饰设计

勒脚装饰的宽度，一般以 20 ~ 60 厘米左右为好，其上缘应为水平线。

粉白墙的勒脚装饰一般可用黛色色块、仿青砖清水墙或贴瓷砖。

用料石、块石、卵石、青砖砌筑的墙体勒脚，极富装饰意味，在做外墙装饰的时候，应原样保留，不必再做任何装饰（图 61）。

◀图 61
勒脚装饰设计举例

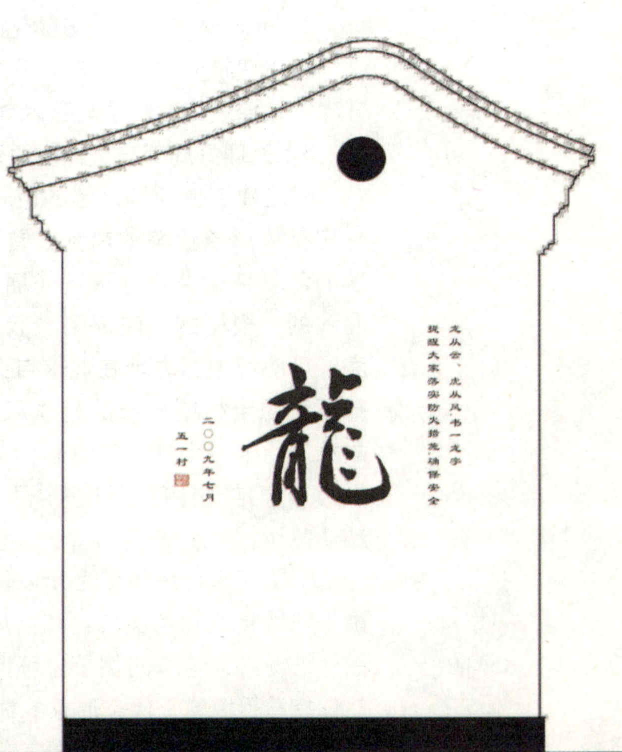

结　语

村庄是一个整体。

村庄的形象，也应该是一个整体。

作为塑造村庄形象主要手段的建筑外墙装饰，同样也应该是一个整体，应该特别注重整体效果。

我们在本章前面的叙述中，将村庄建筑外墙装饰分为檐口装饰、门窗旁墙面装饰、墙面边角部位装饰和勒脚装饰四个部分，分别加以介绍，那只是因为建筑外墙这几个部位的装饰各有特点与要求，需要一一介绍才能说得清楚，而绝不是说村庄建筑外墙装饰是可以分割的，各个部位的装饰是可以各行其是的。相反，村庄建筑外墙装饰的各个部位、各种手段，都应该互相配合，以共同的努力，塑造和谐、优美的村庄整体形象。

为此，村庄建筑外墙装饰，必须注意处理好以下几方面的关系：

1）处理好与自然环境的关系。

村庄建筑外墙装饰应因地制宜，使村庄建筑外墙装饰融入环境而不是与自然环境格格不入。

2）处理好与村庄历史文化的关系。

村庄建筑外墙装饰应弘扬村庄优秀文化，借助村庄的历史文化，丰富、提升建筑外墙装饰的内含与艺术效果。

3）处理好局部与整体的关系。

村庄建筑屋顶和外墙的色彩，是塑造村庄整体形象最主要、最基本的手段。村庄整体形象优美的前提，首先是由屋顶和建筑外墙的色彩决定的。如果屋顶的色彩杂七杂八，建筑外墙的色彩也各行其是，村庄的整体形象便只能是混乱的、模糊的、破碎的。我们现在的许多村庄，我们现在的城市，新建的房子可能都很努力地在追求自身形象的优美，然而，这种追求却往往只顾自己，却不考虑全村或城市的整体风格、整体形象，有的建筑为了突出自己，甚至故意采用很"个性"的色彩，结果，村庄或城市的整体形象被破坏得七零八落，看上去像是一件打了许多补丁的旧衣服。这样的教训，现在大家看得是越来越清楚了。

中国江南传统村庄之所以优美迷人，首先是由于它色彩的纯净与统一，是由于粉墙黛瓦双色组合的和谐与纯朴自然，是由于村庄的局部与村庄的整体关系处理得好。这样的例子，可谓俯拾皆是，不胜枚举（图 62 至图 65）。今天依然保持着粉墙黛瓦优美形象的村庄，与那些色彩混乱的村庄，形成了鲜明的对比。在这样的对比面前，中国村庄应该装饰成什么样子的问题，应该已经有了答案。

4）处理好外墙各个不同部位装饰之间的关系。

村庄建筑外墙各个不同部位的装饰，应该互相配合、互相呼应。对于外墙不同部位装饰的结合部，应该给予特别的关注，在这些地方，如果措施得当，往往可以形成装饰的亮点（图 66 至图 74）。

5）处理好绿叶与红花的关系。

一个村庄、一栋建筑，乃至一面墙壁，都应该确定装饰的重点，在重点确定之后，其他各个相关部位的装饰，都应发挥“绿叶”的作用，烘托作为重点的这朵“红花”，以求创造良好的整体装饰效果。

人们一般都会将建筑正立面的外墙，作为整栋建筑外墙装饰的重点；处于建筑正立面显要位置的正门门旁墙面，更是建筑正立面外墙装饰的重中之重。人们常常会对正门门旁墙面的装饰倾尽心力，精心设计，精心施工，会调动相关的各种手段，来烘托正门门旁墙面的装饰，形成以其为中心的，主次分明、重点突出的建筑正立面装饰。

▼图 62　浙江省武义县余源村全景，粉墙黛瓦的村庄，整体色彩和谐统一

▲图 63　余源村的一部分，色彩与整体一致，保证了整体效果

▼图 64　粉墙黛瓦村庄一角之一

▲图 65　粉墙黛瓦村庄一角之二

▼图 66　檐口装饰与门上方墙面装饰互相结合的案例

▼图 67　檐口装饰与门上方墙面装饰、与窗旁墙面装饰互相结合的案例

▼图 68　门上方墙面装饰与檐口装饰互相结合的案例

▼图 69　窗旁墙面装饰与檐口装饰互相结合的案例

▼图 71　檐口装饰与墙面边角部位装饰互相结合的案例

▼图 70　檐口装饰与门旁墙面装饰、墙面边角部位装饰互相结合的案例之一

▼图 72　檐口装饰与门旁墙面装饰、墙面边角部位装饰互相结合的案例之二

◀图 73　勒脚装饰与门旁墙面装饰互相结合的案例之一

◀图 74　勒脚装饰与门旁墙面装饰互相结合的案例之二

浙江省义乌市佛堂镇倍磊村的义性堂（图 75），建于清乾隆五十一年（1786年），与大多数建筑一样，正立面的正门，是其装饰的重中之重。该建筑正立面设一道正门和两道次门，这三道门的门楼，门旁墙面皆以青砖砌筑或饰以砖雕、青石石刻，形成居中大面积的黛色墙面；建筑正立面两旁的墙面，则作刷白装饰。建筑的整个正立面，粉黛二色形成对比，在两旁粉墙的烘托下，居中的黛色墙面显得很突出，这是对正门门旁墙面的第一层烘托。

分居东西的两道次门，建筑、装饰形式与正门大体相同，但其高度与宽度，均远不及正门，其门旁墙面装饰虽然与正门的门旁墙面装饰在风格、手法上十分一致，但要比正门简略许多。两道次门门旁墙面这样的装饰，成为对正门门旁墙面的第二层烘托。

在正门门旁墙面的装饰中，正门上方处于居中位置、嵌有题刻着“濠濮间想”四个大字的大块青石板匾额，显然又是正门门旁墙面装饰的重中之重。为了突出、烘托这块青石板匾额，义性堂的正门门旁墙面装饰，在艺术构思上，颇有独到之处：

▶图 75　浙江省义乌市佛堂镇倍磊村义性堂正立面

青石匾额的尺度相当大，整块石板上，仅刻“濠濮间想”四个大字，而不作其他任何雕饰，显得典雅凝重，气度不凡。与这块青石板匾额色彩的纯净和它的朴素凝重相适应，义性堂整个正立面的色彩都很纯净、很淡雅。正门和两道次门两旁大面积的墙面，都不作任何装饰，保持着青砖墙面的本色。

正门上方墙面的装饰，以青石匾额为中心，从上、下两个方向，对青石匾额进行了层层递进的烘托（图 76）：

从下往上，从正门上方开始到青石匾额，主要设置了三道装饰：正门门脸上方，用一道青砖砌筑、雕饰成“冬瓜梁”形式的小额枋，小额枋居中刻有一个圆形的“福”字。以此为中心，枋上分别以浅浮雕技法，雕刻了五组龙的图案；枋下左右雀替，各雕一枝菊花。小额枋的尺度，略小于青石匾额，其雕饰，精美而不失简约，与青石匾额保持着风格上的一致。

小额枋上方，设置一道花枋，左右居中位置分别雕“福”字和“禄”字，字两旁各雕有龙凤图案（图 77）。

◀图 76　义性堂正门上方墙面装饰

▼图 77　义性堂正门上方的小额枋和花枋

花枋上方，设大额枋，居中雕刻凤凰牡丹图案，两旁雕白鹤亮翅图案。这个大额枋的砖雕十分精美，形成一个高潮，托举出装饰的重点——青石匾额（图 78）。

从上往下，楼门檐下设稍向外突出的单额枋，枋上雕花草图案；枋下的几根折柱，雕饰莲花图案；　由折柱向下过渡到日月牌和龙凤版。左右两边的日月牌，雕饰为“暗八仙”（传说中的八位仙人常用的器物，如笛子、扇子等）；居中的龙凤版，中间雕一“福”字，两边雕龙，寓“双龙拱福”（图 79）。

▲图 78　义性堂正门上方的大额枋和正门门旁墙面装饰的重中之重——青石匾额

▲图 79　义性堂正门上方墙面装饰的青石匾额以上部分，自上而下，分为三个层次，最上面为单额枋，其下为雕花折柱，第三层为龙凤版和日月牌

通过这样上面三道和下面三道的装饰，层层推举，层层递进，如同众星拱月一般，将青石匾额托举到高潮的波峰。

今天的村庄建筑外墙装饰，趋向于简约，但义性堂正立面门旁墙面装饰的成功经验，仍然很值得我们借鉴。

6）处理好外墙装饰与其他美化手段的关系。

美化建筑，并通过美化建筑来美化村庄环境，可用的手段，是多种多样的，建筑外墙装饰绝不是孤军作战，我们也绝不应该孤立地看待建筑外墙装饰，而应该将其与建筑所处的环境、与各种美化建筑、美化环境的手段看作一个有机的整体，处理好外墙装饰与其他美化手段的关系，使之互相配合，共同发挥作用。

除图案、勾线、砖雕、石刻等习见的装饰手段之外，墙体绿化也是一种极好的外墙装饰，应该大力推广。外墙装饰还应与植树、种草、种花、点石等各种园林绿化手段密切配合，创造生态环境良好的景观（图 80 至图 83）。

▲图 80 围墙爬上了丝瓜藤，既好看，又能有所收获

▼图 81 围墙作开窗装饰与勒脚装饰，墙下种竹、种花

▶图 82　建筑外墙作了勒脚装饰，墙下作园林绿化

▶图 83　丝瓜爬上围墙，围墙下绿化

第三章
模板与参考图案的使用

一、模板的使用

为提高村庄外墙装饰的水平与质量，在进行外墙装饰时，可推行使用模板的方法。

外墙装饰所用模板可以用塑料板、纸板、薄的金属板等板材制作。制作时，将所需图案根据需要放大绘制于板上，依图案将板材挖空即成为模板。

将模板固定于墙面，在挖空部分刷涂或喷涂颜料，即可得到想要的图案。

模板可多次使用。

一块檐口装饰图案的模板，沿檐口线连续使用，即可得到所需长度的檐口装饰图案。

应根据建筑物的体量和所需装饰墙面的面积（或门窗的尺度），确定装饰图案放大的尺寸。

二、绘画作品、画作式图案和组合图案

（一）绘画作品与画作式图案

在建筑外墙装饰所使用的美术作品中，有一类是直接将绘画作品引入外墙装饰，即在外墙装饰中布置绘画作品的。这一类作品，构成画面的某些单元，单独来看也许并没有和谐、吉祥的寓意，然而，它们融入画面后，与其他的单

元共同组成一个联系紧密的整体，这个整体很难拆分并且具有明确的意义。比如：绘制在窗上方墙面，用作装饰的这幅山水画作（图 84）便是典型的例子。这一类作品，也经常出现在建筑正立面的檐口装饰中，如义乌后力山村王氏宗祠正立面的檐口装饰画（图 85）。装饰外墙的砖雕、石刻作品，也有很多同样的例子：比如，砖雕作品《渔樵耕读图》（图 86）；图 87 这幅砖雕则是一个故事场景，刻画了十几个不同情态的人物和他们所处的环境；图 88 是群狮图，一头大狮子带着 8 头嬉戏的幼狮；图 89 是一幅松鹿凤凰图；图 90 是二龙戏珠图。类似这样的画作和砖雕、石刻，需要有一定绘画水平的人绘制、创作，或绘成画稿后，再做砖雕、石刻。

▶图 84　山水画作

▶图 85　浙江省义乌市后力山村王氏宗祠檐口装饰的山水人物画作

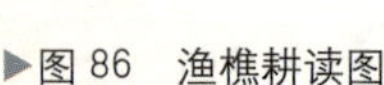

▶图 86　渔樵耕读图

◀图 87　砖雕故事场景

▼图 88　砖雕群狮图

▲图 89　松鹿凤凰图

▼图 90　二龙戏珠图

上述这一类绘画作品中，有一部分是由具有吉祥寓意的动物、植物、器物、人物组合而成的。在组合的时候，象征、比喻、谐音等民众熟悉的手法、方式被灵活地运用，形成了数量巨大的、带有一定程式化色彩的图案式绘画作品，如龙凤呈祥、二龙戏珠、富贵牡丹、喜鹊踏梅、人寿年丰、年年有余等等。我们将这一业作品称之为画作式图案。画作式图案，在剪纸、年画、建筑木雕中经常出现，传统村庄建筑外墙装饰中也经常使用。

画作式图案，在网上和书中可以很容易地找到。选择自己所需要的，放大后刻制成模板，便可方便地用于村庄建筑外墙装饰。

（二）组合图案

还有另外一类作品，是由两个或两个以上的元素性吉祥图案组合而成的，这些元素性图案，各自具有吉祥的寓意，它们组合在一起，便形成复合的吉祥寓意。如两条鲶鱼戏水，是“年年有余（鱼）”；仙鹤立于松树上或松树下，是“松鹤延年”等等。这一类作品的特点之一，是组成画面的元素性图案之间，联系有时候不是那么紧密，比较容易拆解开来。

我们将这一类图案，称之为组合图案。

为了强调图案的完整性，组合图案常常会在其外围加一个边框图案。

组合图案有的只是由一个元素性图案加边框图案组成，比较简单，如图 91 这个石刻复合图案，只是中间一朵花，外面围合着一个圆环图案；图 92 是取瓦

▼图 91　比较简单的组合图案之一

▼图 92　比较简单的组合图案之二

当图案中的一只吉祥动物，外面以很富现代意味的边框图案围合。

有些组合图案，包含的元素性图案比较多，组合成较为复杂的组合图案，如图 93，图案中有一棵古松，有一只仙鹤，背景是窗花，四面以边框图案围合。

义乌市后力山村王氏宗祠正门两侧墙面的石刻装饰，中间是一个大“福”字，四面饰以方形边框，方形边框的四个角上，各雕刻了一只蝙蝠。这幅石刻装饰，便是由“福”字、蝙蝠和四边形边框这三种元素性图案共同组成的（图 94、图 95）。

▼图 93　较为复杂的组合图案

▼图 95　浙江省义乌市后力山村王氏宗祠正门两侧墙面装饰图案（局部）

▼图 94　浙江省义乌市后力山村王氏宗祠正门两侧墙面装饰图案

（三）组合图案的组合

任何复杂都是由简单组成的。

复杂的组合图案，也可以用简单的元素性图案组成。

在村庄建筑外墙装饰中，可以根据需要，将元素性图案组合在一起，绘制成各种形式的组合图案。这是一件很有趣味的事情。

下面我们举两个组合图案组合的例子。

例一，用一个枝叶的元素性图案，配上边框图案，便组合成一个檐口装饰图案（图 96）；

例二，用一朵大荷花居中，周围配以小型荷叶、荷花，外围以圆形边框图案围合，其外再以方形边框图案围合，在方形边框图案的四角，饰以梅花图案，再加上“和和美美”四个字，一共用了大荷花、小荷花、梅花、“和”字、“梅”字和两个边框图案，共同组成一幅《和和美美图》（图 97）。

▼图 96 用一个枝叶元素性图案加边框图案组合成的檐口装饰图案

▼图 97 和和美美图

▼图 98　边框图案举例（共 12 例）

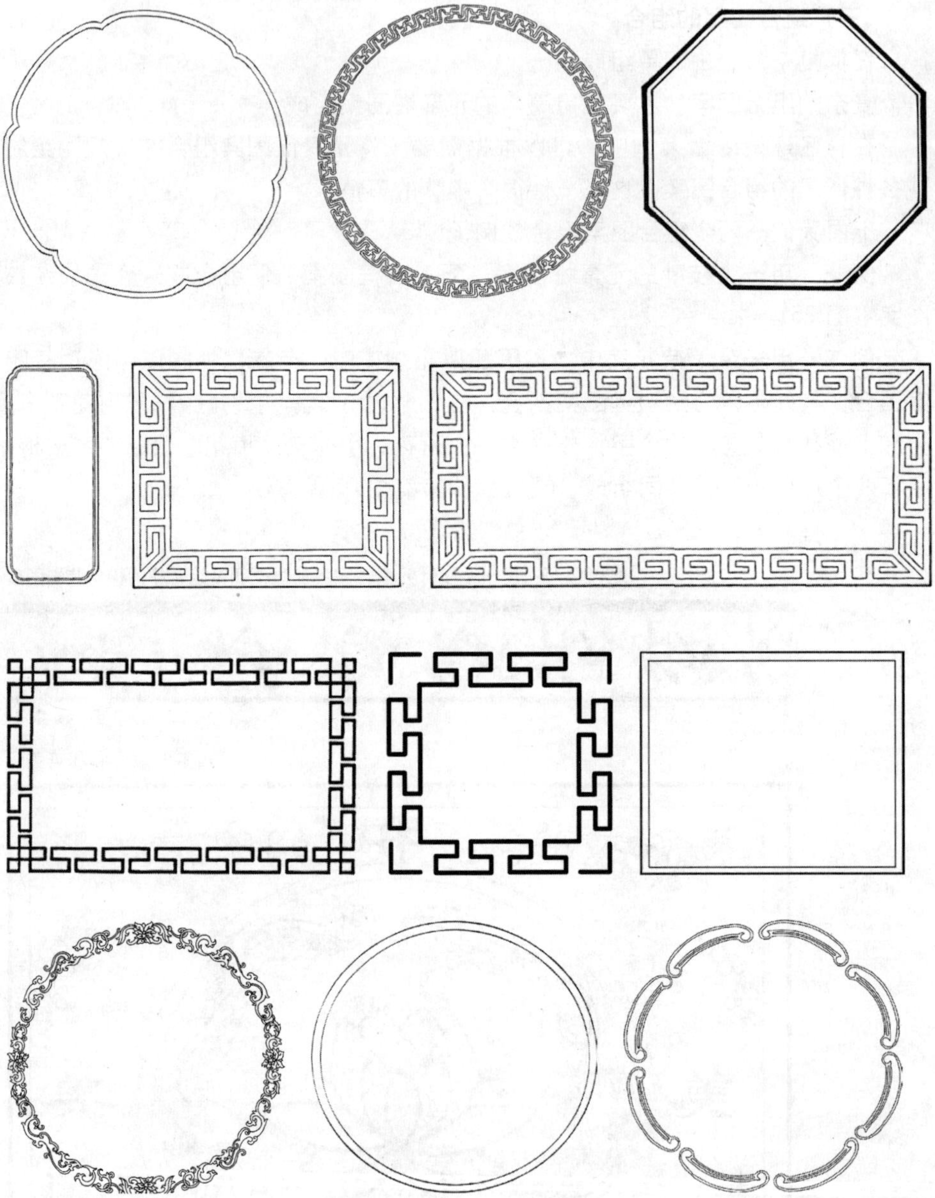

如果借助于电脑，组合图案并不是太困难的事。

自己组合的图案，有时候更适合村庄塑造特色的需要。

附 1　边框图案举例（图 98）

附 2　元素性图案举例（图 99）

▼图 99　元素性图案举例（共 43 例）

▼图 100　檐口装饰图案举例（共 26 例）

附 3　檐口装饰图案举例（图 100）

檐口装饰图案（含边线）的宽度应控制在 12 ～ 30 厘米之间，图案边线细线的宽度应控制在 0.5 ～ 1 厘米左右，粗线的宽度应控制在 2 ～ 3 厘米左右；勾线的宽度，粗线一般不宜超过 2.5 厘米，细线不宜超过 1 厘米。

檐口装饰的图案与勾线应为蓝灰色（颜色深浅可根据需要适当调节）。

少数民族聚居的村庄檐口装饰的色彩，可根据民族文化的特点灵活掌握。比如：广西中部地区壮族传统的砖木结构建筑系列中，公共建筑的檐口装饰以红、黑、白三色为基调，而普通民居的檐口装饰，只用黛、粉二色。那么，上述地区今天壮族的村庄建筑外墙装饰，就不妨在公共建筑甚至在普通民居的建筑外墙装饰中，也适当地使用一些红色；彝族喜欢红色，以黑色为尊。云南楚雄地区的彝族村庄，在建筑外墙（多为土墙、石墙或青砖墙）装饰中，巧妙地使用红色和黑色、黄色、白色，不仅突出了彝族村庄的民族特色，同时也突出了“彩云之南”的云南多姿多彩的地域特点。

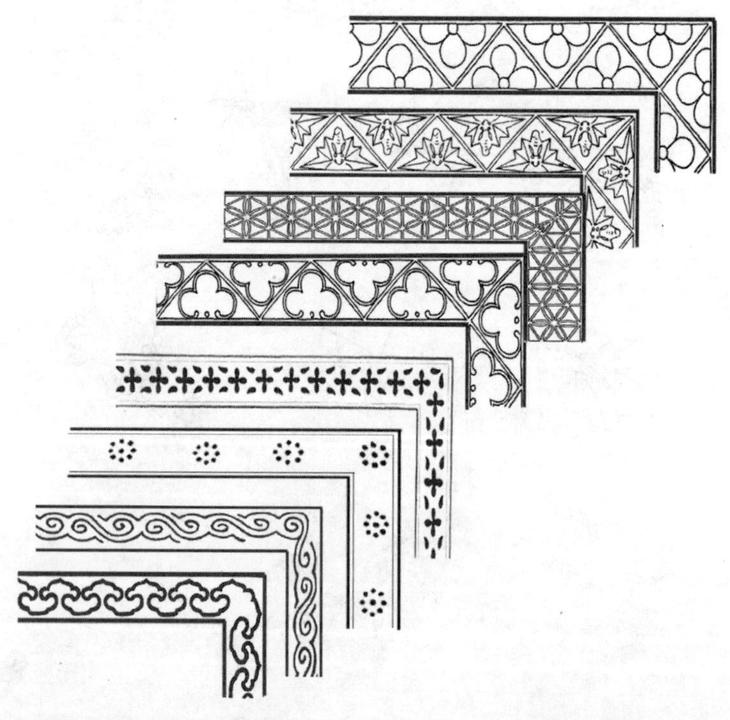

第四章
创新村庄建筑外墙装饰发展模式

随着“三农”工作的不断加强和科学发展观关于统筹城乡发展思想的深入人心，社会主义新农村建设呈现出全新的发展态势，村庄建筑外墙装饰的传承与创新，也正处于历史性的转折关头，这主要表现在：村庄外墙装饰的创作主体构成和村庄建筑外墙装饰的工作模式，都在发生根本性的改变。由此，引发了村庄建筑外墙装饰发展模式的创新。这一创新，对于村庄建筑外墙装饰发展具有决定性的意义。

一、村庄建筑外墙装饰发展模式创新

下面这一组图片（图 101），分别摄于浙江义乌市、安徽黄山市、江西婺源市和云南楚雄彝族自治州，仔细观察一下这一组图片所记录的这些地方的村庄建筑外墙装饰图案或画作，我们可以看到，这一批近两年来完成的作品，充满新意，既有传承，更有创新，传承与创新是互融互动的。大多数图案和画作，都传达出强烈的现代意识，构图自由，突破拘束，形象生动、自然。即使是那些看上去很传统的图案，也同样充盈着自由、开放的意识，加入了现代的元素。那两幅绘制在云南楚雄彝族自治州某村围墙上的叙事性画作，描绘的虽然是古老的场景，其意识与手法，却是十分现代的。

这一组图片使我们深切地感受到，村庄建筑外墙装饰创作的主体，已经发生了巨大的变化。首先，是作为传统创作主体的农民，已经不是传统意义上的

▼图 101　2009 年浙江省义乌市马踏石村、同坑殿下村民居建筑外墙上新绘制的装饰图案（一）

农民了，与他们缺少系统文化教育、生活在封闭环境中的前辈相比，他们是有文化的农民，他们受过较为系统的初中、高中教育，他们生活在改革开放的大时代，他们通过多种现代化手段，与外部世界保持着密切的联系，他们不但接触中国的文化艺术，同时也能方便地接触世界各国、各地的文化艺术。所以，他们一旦动笔在建筑外墙上画将起来，便表现出他们与他们前辈的巨大不同，他们的优势很自然地从他们的笔端流淌到墙面上。第二，专业的美术工作者，

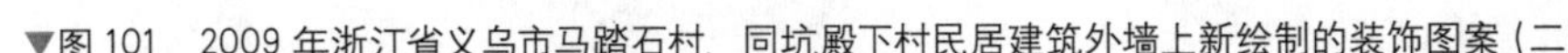

▼图 101　2009 年浙江省义乌市马踏石村、同坑殿下村民居建筑外墙上新绘制的装饰图案（二）

▼图 102　江西省婺源市某村建筑外墙装饰中新绘制的图案

已经进入村庄建筑外墙装饰这个大众性的文化艺术创作领域，他们或者为村庄建筑外墙装饰做设计，或者直接进入村庄挥舞画笔。正是由于他们与农民的这种并肩创作，今天的村庄建筑外墙装饰才会展现出如此婀娜多姿的风采。

2008 年下半年，义乌市开始在若干村庄试行将村庄建筑外墙装饰纳入村庄整治工作序列，要求规划编制单位在编制村庄整治规划的基础上，进行村庄建筑外墙装饰设计。2009 年，对于村庄整治规划中应包括村庄建筑外墙装

▶图 103　安徽省黄山市村庄建筑外墙装饰中新绘制的图案

饰设计的要求，得到进一步落实并向制度化的方向发展。

义乌和其他许多地方所开展的类似的实践活动，对于新农村建筑外墙装饰所产生的影响，是十分重大的。

首先，是它带来了村庄建筑外墙创作主体的重大变化。

政府与规划设计单位的加入，再加上专业美术工作者的参与，相关建筑施工队伍的加盟，使村庄建筑外墙装饰的创作主体，由千百年来的农民一家，变为今天的农民、政府、规划设计单位和专业美术工作者、相关建筑施工队伍五家。农民在村庄建筑外墙装饰领域孤军奋战的历史，自此结束。村庄建筑外墙装饰创作主体的力量变得空前强大，而且结构合理，不同创作主体之间可以优势互补。创作主体的这一变化，是大规模的村庄建筑外墙装饰能够持续、健康发展的基本保证。

第二，是它催生了全新的村庄建筑外墙装饰工作模式。

传统的村庄建筑外墙装饰，都是一家一户分散进行的。现在，村庄建筑外墙装饰工作成为新农村建设工作的组成部分，在政府的指导与支持下，大规模地开展，以村庄为单位，全村一次性完成，并且，常常是相邻近的若干个村庄一起开展建筑外墙装饰工作。

在大规模开展的村庄建筑外墙装饰的实践中，适应需要的工作程序、工作模式，初步形成，即：由政府相关部门牵头，组织规划设计单位编制村庄建筑外墙装饰的规划与设计——政府相关部门和村庄领导班子审定规划设计——农民、相关建筑施工队伍和专业美术工作者实施规划设计——政府相关部门工作人员和规划设计单位的技术人员深入现场，指导实施，适时对规划设计进行必要的调整、优化或图案创新。

第三，是它促使政府对于村庄建筑外墙装饰的财政支持走向制度化。

有史以来，村庄民居的建筑外墙装饰，从来都是由业主自己花钱。在新农村建设工作中，义乌和许多地方的政府，都对村庄民居的外墙装饰，如抹灰刷白等，按照完成量，以平方米计算，给予补贴。然而，类似建筑外墙抹灰刷白这样的，被人们称之为"穿靴戴帽"的活动，并不是制度性的安排，也并不被认为是非做不可的事情。义乌等地将村庄建筑外墙装饰纳入村庄整治建设工作序列，形成相应的工作模式，将促使政府对于村庄建筑外墙装饰的财政支持走向制度化。

▼图 104　云南省楚雄彝族自治州村庄建筑外墙装饰中新绘制的图案

上述三方面的变化，是当前村庄建筑外墙装饰发展模式创新的主要动力，也是这一模式创新的主要内容。

在科学发展观的指导下，农村经济社会快速发展、城乡交流日趋频繁，越来越多的城市居民涌向农村，或办厂经商，或开垦养殖，或观光旅游。这一发展趋势，引发的一个直接结果，是使得村庄建筑外墙装饰的欣赏主体发生重大变化，欣赏主体由过去的单一的农民，变为农民与城市居民两部分。城市居民成为村庄建筑外墙装饰的欣赏主体，他们的审美感受、审美情趣与审美需求，必然对村庄建筑外墙装饰产生深远的影响，同时，也会影响村庄建筑外墙装饰发展模式的创新。

▼图 105　浙江省义乌市赤岸镇下前旺村 2009 年村庄整治中的民居外墙装饰设计案例

外墙装饰效果图　　整治前

外墙装饰效果图

整治前

▲图 106　浙江省义乌市稠江街道官塘下村 2009 年村庄整治中的民居外墙装饰设计案例之一

外墙装饰效果图

整治前

▲图 107　浙江省义乌市稠江街道官塘下村 2009 年村庄整治中的民居外墙装饰设计案例之二

外墙装饰效果图

整治前

▲图 108　浙江省义乌市佛堂镇倍磊村 2009 年村庄整治中的民居外墙装饰设计案例之一

外墙装饰效果图

整治前

▲图 109　浙江省义乌市佛堂镇倍磊村 2009 年村庄整治中的民居外墙装饰设计案例之二

外墙装饰效果图

整治前

▲图 110　浙江省义乌市佛堂镇倍磊村 2009 年村庄整治中的民居外墙装饰设计案例之三

二、规划要努力适应时代的需要

在村庄建筑外墙装饰发展模式创新的过程中，规划的创新，始终是一个至关重要的环节。

大规模开展的村庄建筑外墙装饰工作，如果没有规划的指导与规范，就不可能取得良好的效果。规划是龙头这句话，早已为人们所熟知、所认可，强调村庄建筑外墙装饰应该先做规划，可以说是顺理成章的事。但是，如果要确立规划在建筑外墙装饰工作中的地位，有两个问题必须得到解决。

其一，必须在我国的规划体系中，确立村庄建筑外墙装饰规划的地位。

在我国现行的规划体系中，现在没有村庄建筑外墙装饰这一个规划品种或者类型；关于城乡规划的法规、规范中，也还找不到村庄建筑外墙规划的文字；大专院校的教材中，也没有关于村庄建筑外墙装饰的内容。但是，这并不能说明村庄建筑外墙装饰规划是不重要的或不需要的。生活在不断发展、不断丰富，规划体系也应该随之而不断发展、不断丰富。村庄建设规划过去不是长期被忽视、被冷落吗？现在，它在《中华人民共和国城乡规划法》中，已经占据了应有的地位。城市色彩规划过去不也是一片空白吗？而今我国的许多城市都已经完成了城市色彩规划的编制。当广大农村地区村庄建筑外墙装饰轰轰烈烈地开展起来的时候，规划应该跟上去，应该为之提供优质的服务。因此，应该尽早确立村庄建筑外墙装饰规划在我国城乡规划体系中的地位，以充分发挥其作用。

其二，村庄建筑外墙装饰规划要努力适应时代的需要。

即使是对于规划界来说，村庄建筑外墙装饰及其规划也都是全新的事物。深入的研究亟需开展，系统的理论尚待建立，规划案例需要积累，工作方法、工作要求需要在实践中摸索。任重而道远。也正因为是任重而道远，所以，城乡规划工作者应该为此付出巨大的努力。

三、尊重农民

大规模开展的村庄建筑外墙装饰工作，必须坚持尊重农民的原则：要尊重农民的意愿，尊重农民的审美情趣，尊重农民的创造，使农民的艺术才华在建筑外墙装饰中充分地得到发挥。

村庄建筑外墙装饰是一项大众性的文化艺术，是直接为农民服务的文化艺术。既然是为农民服务，当然应该做到使农民满意，使农民喜闻乐见。这应该是衡量村庄建筑外墙装饰成败的最重要的标准。政府工作人员也好，规划工作者也好、美术家也好，都不应该以自己的喜好来代替农民的意愿，而应该在与农民的沟通中，达成共识。

村庄建筑外墙装饰的功能是多方面的，不能只将其视为一般性的工程建设工作。只有尊重农民，使农民的艺术创作才华在建筑外墙装饰中充分地施展出来，才能真正实现村庄建筑外墙装饰潜移默化的教化功能，才能使村庄建筑外墙装饰真正成为农民自我教育、自娱自乐的园地。

作为一项大众性的文化艺术形式，只有尊重农民，使农民创作主体与欣赏主体的地位得到充分体现，村庄建筑外墙装饰才能健康发展，才能喜获丰收。

尊重农民的原则，应该落实到村庄建筑外墙装饰的每一个环节：在编制规划之前，应进行深入地调查研究，调研的一项必不可少的内容，应是了解农民的意见和想法；在编制规划与设计方案时，应为农民的选择与创作留出足够的空间；规划编制完成后，应通过公示、访谈等途径，听取农民的意见；在工作的全过程中，都应认真采纳农民的意见，对规划方案、设计方案适时进行调整。

后 记

关于村庄建筑外墙装饰，现成的专门研究成果甚少，实地考察成为我们研究的主要手段。奔走于安徽、江西、广西、云南和浙江、江苏等地的农村，在搜集案例的过程中，我们的心情可谓悲喜交集。

村庄建筑外墙装饰这件事情，中国农民做了几千年。几千年成就之辉煌，积累之丰厚，令我们无论怎样发挥想象力，也难以作出与之相适应的估量，面对一件件艺术珍品，我们的欣喜之情，自然难以言表。

大约从 20 世纪 30、40 年代开始，中国村庄建筑外墙装饰出现了"断层"现象，连年的战乱与贫困，使人们既无心，也无力于此。"文革"的十年动乱，对于村庄建筑外墙装饰成果的摧残与破坏，是史无前例的。近 30 年来的建设高潮中，那种对于历史文化不屑一顾的、愚蠢的全拆全建，对村庄建筑外墙装饰成果破坏的烈度，似乎也并不逊色于"文革"。数量巨大的艺术瑰宝，已无从找寻，我们展示在这本书中的一些案例，虽然已经努力做了粉饰，但仍然难掩一次次劫难所留下的累累伤痕，这又确实让人有裂肤之痛。

所幸全新的时代已经到来，中国农村建筑外墙装饰掀开了历史的新篇章，中国农民以其数亿之众，在这块文化艺术的田野上耕耘，一定能够取得空前的丰收。

我们的研究才刚刚开始，我们将跟随他们前行。

感谢中国建筑工业出版社的董苏华编审，为本书提供了她在云南拍摄的一组照片；浙江省义乌市城市规划设计研究院的吴广艳、张立文、付国庆等同志，则为本书提供了他们在浙江省奉化拍下的几张照片，他们还多次驾车送我们到村庄里去，和我们一起考察。在此，也向他们表示深切的谢意。

作者

2009 年 9 月 29 日

后记